数学魔术师

84个神奇的魔术戏法

【法】多米尼克·苏戴 / 著 应远马 / 译

上海科学技术文献出版社
Shanghai Scientific and Technological Literature Press

图书在版编目（CIP）数据

数学魔术师：84个神奇的魔术戏法 /（法）多米尼克·苏戴著；应远马译．—上海：上海科学技术文献出版社，2021(2023.12重印)
ISBN 978-7-5439-8371-7

Ⅰ.①数… Ⅱ.①多…②应… Ⅲ.①数学—普及读物 Ⅳ.①O1-49

中国版本图书馆CIP数据核字(2021)第140544号

Originally published in France as:
80 petites expériences de maths magiques, by Dominique Souder

图字：09-2017-557

选题策划：张 树
责任编辑：王 珺
封面设计：合育文化

数学魔术师：84个神奇的魔术戏法
SHUXUE MOSHUSHI: 84GE SHENQI DE MOSHU XIFA
[法]多米尼克·苏戴 著 应远马 译
出版发行：上海科学技术文献出版社
地 址：上海市长乐路746号
邮政编码：200040
经 销：全国新华书店
印 刷：常熟市人民印刷有限公司
开 本：720mm×1000mm 1/16
印 张：17.25
字 数：222 000
版 次：2021年8月第1版 2023年12月第4次印刷
书 号：ISBN 978-7-5439-8371-7
定 价：58.00元
http://www.sstlp.com

目　录

前　言

我将此书献给我的儿子帕斯卡利夫·苏戴。他是一位教师,他一直热衷于郊区 ZEP(教育优先发展区)的教育工作。

您手头的这本书收录了 84 个"数学魔术"戏法。这本书不只是希望读者能够喜欢,更希望能够让读者学会推理,它以游戏的形式把读者引向数学领域,读者在与亲朋好友交流的时候既可以增加乐趣又可以获得成就感。

读完这本书之后,您还是无法拥有巫师的本领,也无法在观众诧异的目光中让火车头消失,您甚至无法就此练就变出一只白鸽子或者一朵玫瑰花那样灵巧的双手。您不会变成一位魔术师或者幻术师:本书涉及的并非此类魔术……

在我们这个美丽的世界里,音乐种类层出不穷。它们都会受到人们的喜爱,即使每个人的喜好有所不同(比如有人喜欢歌剧,也有人喜欢室内音乐)。数学魔术很难在大舞台上表演,而是更适合于在小范围的知己之间,在家中的餐桌上,在喜欢智力游戏和喜欢挑战的人群中间表演,他们可以在闲暇的时间里心情愉快地来讨论和分享。

我祝愿您能够在数学世界里获得更多的乐趣,在那里魔术和数学神秘结合,既可以满足您对科学的好奇,也可以促进您对每一个奥妙的思考……阅读时多动动脑筋,您将会享受到美好的游戏时光,沉浸在数学知识的海洋里。

戏法级别

本书中介绍的 84 个魔术戏法是根据数学和逻辑创作的。每个人都可以创新,无需具备一位魔术师所需的操作上的任何训练。

每个戏法都有“魔棒”指明相应的级别(初学者和熟练者)。下面是每个级别的相应内容:

——初学者:这些戏法不仅适用于年幼者,也适用于其他年龄段的人,只要他们有兴趣慢慢地熟悉这些数学魔术戏法。

——熟练者:这些戏法适用于挑战和比赛的爱好者,并适用于所有觉得已经对数学魔术有所掌握的人。

本书末尾的戏法索引根据主题编排了目录:

——纸牌戏法(或无需准备,或标记定位,或事先准备);

——日常道具戏法;

——特殊道具戏法;

——计算或算术戏法(纸、铅笔或计算器);

——根据数学主题排列的戏法。

为了方便起见,所有初中生都能够操作的最简单的戏法(84 个魔术戏法中,它们占了至少一半)放在本书的前面部分介绍。在这些戏法中,每一个都能够根据您的喜好随意选读,因为它们都是独立的。

您不必担心自己不够灵巧,完全不用像魔术师那样身手敏捷:这些戏法是自动的。

如果您碰到数学内容,而且需要思考,这可不是偶然的……努力尝试吧,它会让您快乐!

如果您萌生了发明其他戏法的念头,别感觉惊讶,本书的设计就是要拓展您的创造性和您的想象力……

如果您的自信心在本书的阅读过程中得到了提高,那么说明作者的愿望得到了实现:让读者产生梦想并且寓教于乐……

祝您阅读愉快,思考愉快,练习愉快,并且玩得愉快! 没错,我祝愿:所有人,包括全家老少,都玩得愉快!

数学是实用的,而且,数学也可以被视为是一种社会能力……

一位数学魔术师的诞生

您知道有些魔术戏法是自动的吗? 您知道即使您不是魔术师有些戏法也能成功操作吗? 本书会提供给您一些范例,只要去尝试就可以了! 您会在不知不觉中就变成一位“数学魔术师”!

在您身边挑一位让您感觉随和的人,这个人得同意配合您来表演一个魔术戏法。您可以跟这个人说:

这是一个 52 张牌的纸牌游戏,请拿着这些纸牌。请选择一张您想要的纸牌,不要让我看到,记住是什么牌,牌面朝下把它放在桌子上,然后在这张牌上面放上另一些牌,要放的纸牌的数量根据要记住的这张纸牌名称的拼写字母数量而定,一个字母一张牌。我不看,请按此操作。

比如,如果对方选择了一张桃花 2,那么要在这张牌上面放牌的数量根据桃花 2 的拼写字母数量来定(法语是 d-e-u-x-d-e-c-o-e-u-r,译者注),于是对方就有了一小叠牌。

您转过身,然后说:

我不知道您的牌,也不知道您这叠牌有几张,但是接下来您要在我背后这样做:

——如果您的牌是红色,您就一边拼红色这个词的字母(法语是 r-o-u-g-e,译者注),一边从这叠牌中把相应数量的牌一张一张地从上面移到下面,如果您的牌是黑色,那么按黑色(法语是 n-o-i-r-e,译者注)这个词的拼写字母数量来定(必须是一个字母一张牌)。

——然后,您的牌是大牌(从 10 到 A)还是小牌(从 2 到 9)?您拼写大(法语是 h-a-u-t-e,译者注)或者小(法语是 p-e-t-i-t-e,译者注)的字母,按照字母数量将牌一张一张地从上面移到下面。

——最后,您的牌是点数牌还是人头牌?您拼写点数牌(点数牌要有"s"这个字母)这个词(法语是 p-o-i-n-t-s,译者注)或者人头牌这个词(法语是 f-i-g-u-r-e,译者注),同样同时一张一张地移动纸牌。

——您认为我在这叠打乱的纸牌中无法轻松地找到您的那张牌吗?但是我会找到。其实,您自己也会找回那张牌;当然,它还看不出来,但是您继续按我说的做下去,它将会是这叠牌中剩下来的最后一张牌……

接下来请按此操作:

您把上面的一张牌移到桌子上,把接下来的一张牌移到这叠牌的下面。您再把上面的这张牌移到桌子上,再把接下来的一张牌移到这叠牌的下面。这样连续移牌,直到只剩下最后一张牌。

对方把最后这张牌翻过来:正是他当初所选的那张牌(如例子中所指定的:红桃 2)。

窍门是什么呢

为什么这个戏法可以自动操作呢？其中有数学原理吗？需要理解什么内容呢？

下面可以开始思考了……

请找出名字尽可能长的那些纸牌，然后算出构成这叠牌的数量，然后找出在三次移牌操作后这张牌可能位于哪个位置。

继续研究在各种牌数下的移牌过程，找出剩下的是哪张牌：您可以在纸上写数来代替实际的纸牌……或者用铅笔在纸上画一幅图。

您的方法就是一位科学工作者在解决一个数学问题时所采取的方法！

（这个戏法的窍门将会在本书中出现。不过没那么快就出现，我们会循序渐进地推出戏法，它们的难度会不断提高。）

您准备开始了吗？

作者　多米尼克·苏戴

Dominique.souder@gmail.com

第一章
让我们从简单开始

让我们使用一些日常道具来蒙骗我们的观众！

日常生活中，在娱乐中学点数学的机会比我们通常想象的要多得多。此类娱乐所需的材料往往在每个家庭都是随手可得，而且几乎不用花什么钱。那么，下面的这些小戏法又怎么可以错过呢？

魔术戏法 1

裁缝的皮尺

今天，我们还能够在家中找到裁缝用的皮尺，即使与过去相比父母们哪怕想出了一个款式也已经极少有时间来做裙子或者裤子了。这种软尺，人们称之为裁缝“米”或者“厘米”，双面刻度从 1～150，长度为 1.5 米，也许可以叫“sesquimètre”，因为“sesqui”就是“1.5 倍”的意思。

下面这个戏法需要两位观众，他们每人备有一小张白纸，一支铅笔和一个回形针，当然还有一根皮尺。

您是魔术师，您跟这两位朋友说要跟他们一起表演一个魔术。

效果

魔术师预言，在不知晓相加数字的情况下，他可以知道两个数字相加的结果！

表演

您在纸上写下数字“302”,折起这张纸,公开放在桌子上,并说您正在作一个预言。

请您的第一位朋友在皮尺上插上回形针,他可以随意插在什么地方,并在纸上记下回形针最长部分的地方所显示的皮尺刻度。

请您的第二位朋友用回形针和纸作同样的事情。

再把皮尺给第一位朋友,并请他记下第二位朋友的回形针的另一面,即皮尺的反面所显示的数字(回形针最短处)。

再把皮尺给第二位朋友,并请他记下第一位朋友的回形针的另一面所显示的数字。

现在,请两位朋友把他们每个人所得到的纸上的两个数字相加。

取一张纸,请您的朋友们出示两种结果,写下这两个数字并相加(两个总数相加)。

展示您的预言:

同样的总数:302!

原理

观察回形针在皮尺上所显示的两个数字,一个在皮尺的正面,一个在皮尺的反面:在皮尺的正面和反面上的 1～150 的数字刚好是相反的。核对皮尺正反两面上的数字相加之和总是 151(厘米):$150+1=149+2=148+3=\cdots\ \cdots=60+91$,以此类推。

两个回形针可以把 151 相加两次,从而得到 302。要相加的这些数字(两个回形针中的一个正面数字和另一个反面数字)的交错让人们不会发觉 151,从而使这个戏法的“窍门”不至于很快就被识破……

☞ 给数学爱好者的评论请参阅第 237 页。

☆ 魔术戏法 2 ☆

3 个 骰 子

效果

魔术师预言 5 个未知数字的相加之和!

表演

魔术师请一位朋友将面上标有 1～6 的 3 个骰子垂直堆起,用圆柱形纸筒(比如用卫生纸卷纸的中间纸筒)将它们围起,做好这些后魔术师再转过身来。只有这堆骰子的最上面一个面的数字是可以看见的。魔术师当着朋友的面,在纸上写下预言,然后将纸翻过来。

魔术师请这位朋友加上 3 个骰子所有平面上的数字,除了所有人能够看到的最上面的那个数字,而且不要把它计算进去。于是在圆纸筒撤掉后将有 5 个数字需要相加。

算出的总数(只用心算!)刚好是魔术师预言的数字……

原理

骰子都是按每两个对应面的和为 7($1+6=2+5=3+4$)这种方法而设的。把这 3 个骰子的 6 个数字相加得出 $7\times3=21$。

如果您从 21 中减去骰子最上面的那个数字,您就得到了要预言的这个数字。比如,如果您看到了一个 4,那么需要在纸上写下 $21-4$ 的结果即 17。

轮到您来玩!

如果您现在是用 4 个骰子来表演类似戏法呢?您又如何找出要预言的总数呢?

☞ 参阅第 237 页的答案。

魔术戏法 3

电 话 传 心

您想证明心灵感应的存在来给朋友留下深刻的印象吗?

效果

魔术师通过心灵感应与某个对象通话。

表演

您说您与某位远方的朋友拥有超常的关系，您可以通过电话连线来证明这一点。

请您的观众想象有一副32张的纸牌并从中选择一张，然后告诉您是什么牌。

您掏出一个记有电话号码的本子。您在观众面前与这个人通话，您向他打招呼（某某，你好吗?），然后您问对方是否刚刚感觉到您给他传送了一张特殊的纸牌。

把话筒递给选择这张牌的观众。于是这个观众会在电话中听到您的通话对象准确无误地说出这是一张什么牌！

原理

您事先与您将要打电话的同伙制订一张写有32个名字的表格，他们与32张牌逐一对应（例如，Pascal＝方片8），你们每人有一份表格。您的这一份刚好放在家中的电话号码簿中。您在电话中给您的通话对象的名字让他可以找到准确的纸牌。

	cœur（红心）	**pique（黑桃）**	**trèfle（草花）**	**carreau（方片）**
7	Andrien	Denis	Gilbert	Nicolas
8	André	Emile	Henri	Pascal
9	Antoine	Fabien	Jean	Pierre
10	Arsène	François	Justin	Raoul
J	Boris	Gabriel	Marcel	René
Q	Camille	Georges	Maurice	Robert
K	Christian	Gérard	Michel	Yves
A	Christophe	Gervais	Mouloud	Zéphyrin

别忘了把标有 32 个名字的这张表格给您的同伙一份,而且确认当您在做这个戏法时要确保他正在家!

打电话时要集中注意力,千万别叫他的真名,而是要用表格中的名字来称呼他!

轮到您来玩!

扩充这张表格,把牌数加到 52 张,如果您的同伙是个女孩子,那就加一些女性的名字。

☞ 参阅第 238 页的答案。

☆ 魔术戏法 4 ☆

猜 硬 币

效果

递给朋友两枚硬币,一枚是 1 欧元,一枚 2 欧元。朋友把一枚硬币放在右手心,另一枚放在左手心,放硬币时您不能看。您将会猜出哪只手里拿着 1 欧元硬币,哪只手里拿着 2 欧元硬币。

表演

请您的朋友计算一下,将他右手欧元数相加 4 次,左手欧元数相加 3 次,再把得出的两个数相加。问他结果是偶数还是奇数(您可以解释:"偶数"指的是末位数字为 2、4、6、8 或者 0,"奇数"指的是末位数字为 1、3、5、7、9)。

如果结果是奇数(您的朋友将会得出 11),那么 1 欧元的硬币在左手,2 欧元的硬币在右手。

如果结果是偶数(您的朋友将会得出 10),那么 1 欧元的硬币在右手,2 欧元的硬币在左手。

轮到您来玩!

用大一点的钱把这个戏法复杂化:一只手里拿币值为奇数的欧元,另一只手里拿币值为偶数的欧元,请思考结果会是如何。

别说出您给您朋友的钱的总数,以免引起他的疑虑。

第二章
纸牌诀窍入门

纸牌游戏非常普及，它是魔术戏法取之不竭的源泉，无论是 52 张牌，还是 32 张牌，甚至更少……下面的几个诀窍，非常简单，当做入门……

☆ 魔术戏法 5 ☆

百搭牌的悄悄话

效果

一副牌中的百搭牌会悄悄地告诉魔术师某张牌的名字。

表演

让观众把一副 53 张牌（含百搭牌）的扑克洗一下，然后您拿起这副牌，说您忘了抽掉这张百搭牌。您让牌面朝您把牌摊开，在找这张百搭牌的时候，您要牢记最上面那 3 张是什么牌。

把百搭牌拿在手里，把 52 张牌还给观众，请他帮忙把这些牌的面朝下一张一张地发成三堆，从左到右，直到整副牌发完。于是您知道这 3 张牌分别位于这三堆牌的底部。拿起百搭牌，将它伸到左边这叠牌下面，不要松开，然后再拿到耳朵边，跟大家说它刚刚到这张牌那里去看了一下，它把这张牌的名字悄悄地告诉了您。说出这是张什么牌并让大家核对。再从另外两堆牌重新开始。

轮到您来玩！

您自己练习一下记住一副牌的最上面 4 张，并用四堆牌把这个戏法改编一下。

✡ 魔术戏法 6 ✡

让我们一直数到挑中的牌

效果

魔术师根据某句魔语的拼读,识别出观众私下挑出的那张牌。

表演

把一副牌递给观众,让他随意把牌发到桌子上,发出的牌数在 30～39 张之间,发牌时您不能看(您转过身去)。

请他在他的这叠牌中看看从下往上数的某个位置的这张牌。这个位置根据他发的牌数的两个数字之和来确定。比如是 32 张牌的话,他要看的是从下面往上数到 $3+2=5$ 的这张牌,他记住牌名,让这张牌留在原来的位置。

您转过身来,宣布您将根据某句魔语的拼读识别出挑中的这张牌:"comptons jusqu'à la carte choisie"(让我们一直数到挑中的牌,译者注)(在拼读的时候不考虑省音撇)。

您拼读一个字母就抽掉一张牌,拼读到最后一个字母"e"的时候,刚好是挑中的这张牌。

原理

这个戏法的成功在于句子字母的数量即 28 与各种情况下挑中的牌的位置的巧合。

因此，如果是30个字母，从牌的下面往上数到3(3+0=3)的这张牌是从上往下数的第28张牌；如果是31个字母，从牌的下面往上数到4(3+1=4)的这张牌是从上往下数的第28张牌；以此类推。

轮到您来玩！

根据20～29之间的数来改编这个戏法：被挑中的这张牌的位置变化会是怎么样的呢？您可以发明一个句子来让这个位置上的牌得以找到。

☞ 参阅第239页的答案。

大家都了解偶数(末尾为2、4、6、8或者0)与奇数(末尾为1、3、5、7或者9)之间的差。这个戏法运用了奇偶性，也可以使1和0进行对比(比如电流的交叉或者不交叉)，或者将一种颜色与另一种颜色进行对比(比如棋盘格子)。

魔术戏法7

红色还是黑色对牌

效果

观众操作一副牌，魔术师猜出其中剩下来的红色对牌的数量。

表演

红心和方片是红色牌，黑桃和草花是黑色牌。从一副牌中取出一部分牌,向爱好戏法的朋友解释,需要从这叠牌中两张两张(按对)拿牌,然后按下面类型重组:两张红牌的对牌,黑色对牌,不同颜色的对牌(混合对牌)。边说边做。如果剩下一张牌,就说这是一副 52 张的牌,这个问题可以轻松解决。

有可能,您会得到红色对牌与黑色对牌不等的数量;如果数量相等,那么补充几张牌。与您的朋友数出每种对牌的数量,当然这个数量是偶然的,然后指出这些数量是不同的,并说您将根据这个主题表演一个戏法,您转过身去背对您的朋友让他操作。

您的朋友洗一下这些牌,他自己用这副牌来按对分牌。问您的朋友黑色对牌有多少对。您将自豪地说出(一直背对)混合对牌的数量和红色对牌的数量。

原理

在混合对牌中,红牌的数量与黑牌的数量相等。因此这副牌的余牌由同样多的红牌和黑牌构成,即同样多的红色对牌和黑色对牌。在 52 张牌中,有 26 对。

我们举个例子:

——如果黑色对牌的数量是 7,那么也有 7 对红色对牌,而且$(26-2\times7)=12$对混合牌。

——先报混合对牌的数量可以尽量避免让您的朋友把黑色对牌和红色对牌的数量联系起来。

——如果您的朋友认为这个戏法太简单,您就偷偷地拿掉这副牌中同色的两张牌,请他自己再做一遍:他不惊讶才怪!

魔术戏法 8

开心，开心，让我们来配对！

效果

魔术师不看牌，把牌放到背后，把混合的 8 张牌重新按同一花色的 K 和 Q 配对。

私下准备

拿出一副牌中的 4 张 Q 和 4 张 K，堆在一起，千万注意要将 K 的顺序和 Q 的顺序一样摆放。比如，草花 Q、方片 Q、红心 Q、黑桃 Q 后面跟上草花 K、方片 K、红心 K、黑桃 K。这样，从这 4 张牌到另外 4 张牌，这些牌是同一花色的(草花 Q 和 K、方片 Q 和 K,等等)。

表演

请一位观众切牌,然后请另一位观众切牌,最后可以请所有愿意切牌的观众切牌。您宣布您将扮演婚姻介绍所的经理!拿起这些牌,把它们放到您身后,把这些牌分成两份,每份 4 张,同一只手拿着这 8 张,另一只手抽取这两份牌的最上面的一张:它们将是同一花色。继续这样做,每次从两份牌最上面各抽取一张。您将会实现同一花色的 Q 和 K 的配对,完全不用眼睛去看!

原理

要想明白切牌不会改变从 4 张牌到另 4 张牌同一花色的 Q 和 K 成对的序列,您可以把这 8 张牌排列成圆形摊到桌子上,切一下牌,您会注意到这个圆上的牌在转动,但是从 4 张牌到另 4 张牌永远是同一花色。

第三章 蒙晕朋友的魔术道具

制作一些能够实现独特戏法的道具并非您所想象的那么困难。您会成为一位与众不同的戏法发明者，会根据环境改编这些戏法，并会为此充满成就感。您也许会在不知不觉中对自己充满了信心。要想对自己有信心的话，请读下去……

☆ 魔术戏法 9 ☆

魔术道具和加法

效果

观众在一张表格中选择 5 个数：魔术师将预言到它们相加之和。

私下准备

取 10 个不同的数，它们相加之和是 100。

比如：5＋6＋8＋9＋11＋7＋10＋13＋15＋16＝100。

把这些数按每组 5 个分成两组。现在我们来画一张 6 列 6 行的表格。在左上方的空格里，填上“＋”这个符号：这是一张加法表。然后，在第 1 行里，我们写上第一组的 5 个数；在第 1 列(垂直)里，写上第二组的 5 个数。现在我们在这张“加法表”的 25 个空格里填上所得到的 25 个和。

＋	7	10	13	15	16
5	12	15	18	20	21
6	13	16	19	21	22
8	15	18	21	23	24
9	16	19	22	24	25
11	18	21	24	26	27

现在把上面和左边的一排格子去掉，只保留 25 个格子。我们就得到

了一个可以用来表演戏法的魔术道具!

12	15	18	20	21
13	16	19	21	22
15	18	21	23	24
16	19	22	24	25
18	21	24	26	27

表演

魔术师跟观众朋友说他将做一个预言,他在一个纸上写下预言(他写下 100 这个数)。

他把纸叠好放在桌子上。魔术师请观众把 5 个棋子或者其他圆形物品放到魔术表格的 5 个格子上,同时要遵守下面的规则:每行只能放 1 个棋子,每列也只能放 1 个棋子。

12	15	18	20	21
13	16	19	21	22
15	18	21	23	24
16	19	22	24	25
18	21	24	26	27

观众放好棋子后,需要把放了棋子的这 5 个数相加。比如,如果观众在上面表格中的 5 个灰底格子上放了棋子,那么我们可以得到:

$$16+15+21+26+22=100$$

魔术师拆开纸条,证明他猜中了这 5 个数相加之和。

原理

每个选中的数是初始表格中10个数字里的两个相加之和。每次选择不同的行或者列可以避免在这10个数字中的两个数字被重复选中，而且可以使和为100的10个初始数字全部被选中。

轮到您来玩！

您可以改变数之和以及数的数量。

您可以为只会数到36的小朋友用小一点的数(比如1～8)做一张魔术加法表。

+	3	5	6	7
1	4	6	7	8
2	5	7	8	9
4	7	9	10	11
8	11	13	14	15

4	6	7	8
5	7	8	9
7	9	10	11
11	13	14	15

当然，您必须在纸上写下“36”作为预言。

如果您的爷爷或者外公很快就要过90岁生日，那么就为他做一张和为90的魔术表格吧，这肯定会让他开心的……

☆ 魔术戏法10 ☆

魔术道具和乘法

您刚刚做了一个加法表的魔术道具,对吗?那么,现在,我们来进入下一个环节:乘法。

效果

观众在一张表格中选择3个数:魔术师将预言到它们相乘之积。

私下准备

取下面6个不同的数:1, 2, 3, 4, 15, 25。

如果将它们全部相乘,我们会得到:$1\times2\times3\times4\times15\times25=9\,000$。

把这些数按每组3个分成两组。一组放到第1行里,另一组放到第1列里,用9个得出的积放到这张"乘法表"的9个空格上。

×	1	3	25
2	2	6	50
4	4	12	100
15	15	45	375

2	6	50
4	12	100
15	45	375

现在把上面和左边的一排格子去掉,我们就得到了一个魔术道具(也

可以把它抄到一张硬纸板上）。

魔术师在一张纸上写下预言：9 000。把纸叠好。

表演

魔术师请观众把 3 枚硬币放到 9 个方格的 3 个格子上，规则是每行只能放 1 枚硬币，每列也只能放 1 枚硬币。然后观众必须把选中的这 3 个数相乘。魔术师把纸打开，他的预言完全正确：9 000。

原理

比如，观众选中了：$4\times45\times50=9\,000$。3 个选中的数中的任何一个都来自于初始表格中边行和边列中的两个数相乘之积。这 3 个数让初始的 6 个不同的数都在乘积中被用上。

轮到您来玩!

您愿意把实用和好玩结合在一起吗?您愿意拿十、百、千、百万、十亿这些数来教您的弟弟吗(这将会让你们看到10的乘方)?从下面的乘法表开始吧:

×	1	10	1 000
1	1	10	1 000
100	100	1 000	100 000
10 000	10 000	100 000	10 000 000

这回不用去掉边行和边列,而是把这9个数的格子写在一张硬纸板上,数则用字母拼写……让年纪最小的小学生熟悉这些数及其书写的方法就这样出来了!在您的小纸条上写下预测的结果:一百亿。

un	dix	mille
cent	mille	cent mille
dix mille	cent mille	dix millions

让他把选中的3个数相乘(要把有几个零数清楚!)并要求把结果拼读出来。

再编些其他有趣的乘法表吧!

第四章
当心洗牌和移牌

一位魔术师极少会无缘无故地让人以某种方式切牌或者洗牌，哪怕他借口说一副牌必须要好好地洗一下，以便观众确信牌中没有任何手脚……这里有几个戏法，如果您是观众，它们将教您学会怀疑，如果您扮演魔术师的角色，它们将教会您一些蒙骗的方法。

☆ 魔术戏法 11 ☆

切牌的逻辑性

效果

魔术师在观众切过的一副牌中找出观众挑选的那张牌。

表演

在您年幼的时候，您曾经得意地做过的纸牌入门戏法之一或许是下面这个：您在一叠牌的底部这张牌上做上记号，请别人选择一张牌，然后把这张牌放到这叠牌的上面，您让别人切牌，再把这叠牌合起来。选中的这张牌于是自然而然地位于您做过记号的这张牌之后。在牌面朝您摊开之后，您能够得意地找到别人挑选的那张纸牌，从这叠牌的上面找下来，它刚好位于您的战术牌之后。

☆ 魔术戏法 12 ☆

神不知鬼不觉地把观众搞蒙

效果

选中一张牌并把它插入一副牌中之后，观众再多次洗牌和发牌。魔术师拿起这副牌，相继把牌放到耳朵边上：听出观众选中的牌。

表演

把两手各 5 张牌牌面朝下发到桌子上。请对方拿其中的一手牌,他选中其中的一张,把它放到这叠牌的上面。请他把第二手的 5 张牌(不过千万别说出这里有 5 张牌)放在这叠牌上面。

现在请您的观众在这叠牌上去掉上面几张牌,但最多不能超过 5 张,并把这几张牌放到一边,您在这期间要转过身去。请他把含有他选中的这张牌的这叠牌翻过来,牌面都朝上。叫他把上面这张牌牌面朝上扔到桌子上,然后把上面接下来的这张牌移到这叠牌的下面。上面最新的这张牌现在也要被放到桌子上去,牌面还是朝上,放在刚才被扔的第 1 张牌上面;接下来的这张牌则移到这叠牌的下面。我们继续这样做直到手里只剩下一张牌,最后把它放到桌子上新的这叠牌上面,您说,这叠牌按这样的顺序一张接一张地是随意形成的。您说您要转过身来了,叫他把这副牌牌面朝下递给您。

您说这些牌往往是会说话的,但是我们要听得懂它们说什么。把上面的这张牌放到耳朵边,不要看:说您什么也没听到。然后把第 2 张牌放到耳朵边:“还是没有听到。”第 3 张:“有点意思,”第 4 张:“什么也没有,”第 5 张:“还是什么也没有。”回到第 3 张牌,说就是这张牌了。观众的表情不诧异才怪!

原理

如果您想掌握这个戏法的窍门,您就得思考这个:选中的牌在牌面朝下时总是位于从这叠牌往上数到第 5 张的位置(无论观众去掉多少张牌都是如此)。当您把这叠牌翻过来牌面朝上时,它位于从上往下的第 5 张。您要把这些牌的第 1 张、第 3 张然后是第 5 张发到桌面上去。因此,现在那张选中的牌位于第 3 张的位置……

☆ 魔术戏法 13 ☆

4 个人移牌

效果

4 个人每人相继从一副牌中抽取两张牌，这些牌位于魔术师指定的位置。每个人在纸上记下各自的纸牌的名字。在把这副牌从一位朋友传递给另一位朋友之前，重新组牌并洗牌。这 4 张纸牌公开后显示这四位朋友抽取的都是同样的两张牌。

私下准备

若要理解这个戏法，您需要一副 22 张的纸牌（比如 22 张塔罗牌），一张纸和一支铅笔。

首先，您要学习一种特殊的洗牌方法。左手拿一副牌，牌面朝下。用右手拿上面的一张牌，让第 2 张牌滑到这一张上面，然后把第 3 张牌移到右边这组牌的下面，让第 4 张牌滑到右边这组牌的上面，然后把第 5 张牌移到右边这组牌的下面，这样连续上下交替移牌直到左手这副牌移完。

用这种洗牌方法来洗这 22 张牌，它们的摆放位置是 1 在上面，22 在下面。记下洗牌后从上到下的新的摆放位置。

您会注意到有一张牌在洗牌后位置仍然不变：是哪一张呢？

洗牌后位置不变的这张牌对应的号码是什么？

记住在这种情况下只有这么一张牌的位置不变。

有两张牌的位置互换了吗？是哪两张？

倘若我们再洗一次牌，第一次洗牌中互换位置的这些牌又会发生什么变化呢?

初始顺序	1	2	3	4	5	6	7	8	9	10	11
第一次洗牌后											
第二次洗牌后											

初始顺序	12	13	14	15	16	17	18	19	20	21	22
第一次洗牌后											
第二次洗牌后											

☞ 参阅第 239 页的答案。

轮到您来玩!

设想出一个建立在这些观察基础之上的戏法吧……好吧,我还是给您推荐一个吧……您需要准备 4 张小纸条、1 支铅笔和四位朋友……

表演

把这副 22 张的牌递给第一位朋友并请他在一张纸上记下(不要让其他人看到)第 8 张和第 14 张牌(记完后把牌放回到原来的位置)的牌名。

把这副牌递给第二位朋友,请他根据上面提到的手法进行洗牌,并在第 2 张纸上记下第 5 张和第 8 张牌的牌名。

请第三位朋友按上面手法洗牌,记下第 8 张和第 14 张牌的牌名。最后,第四位朋友洗牌,并在第 4 张纸上记下第 5 张和第 8 张牌的牌名。

4 张纸公开显示的应该是两张相同牌名的牌……

一个验证友情的绝佳机会!

轮到您来玩!

设想一下用其他数量的牌按这种洗牌方法来表演的其他戏法。

魔术戏法 14

求和移牌

效果

观众用挑选的点数牌排列出用来相加的 3 个三位数。魔术师在桌子上摆放牌面朝下的 4 张牌，把它们翻过来后，它们公开的就是观众的 3 个数相加之和。

私下准备

计算下面两组加法，比较它们的结果：

$$
\begin{array}{r}
354 \\
+617 \\
+498 \\
\hline
= \cdots\cdots
\end{array}
$$

$$
\begin{array}{r}
618 \\
+394 \\
+457 \\
\hline
= \cdots\cdots
\end{array}
$$

现在我们来观察两组计算中的竖列上的个位数字，然后再观察十位数字，最后看百位数字：有点看头吧！您能够使用与前面这两个例子中相同的数字写出另外一组 3 个三位数吗？它们相加之和也应该与这两个例子中的和相同。

现在您可以表演下面这个纸牌小戏法了……

表演

您的观众坐在您边上。请他挑选 9 张点数牌(不要人头牌),但是 10 除外,请他将它们按 3 张一行排列成正方形,牌面朝上。您把其他牌拿在手里。

比如你们排出了这个正方形:

	6	3	4
+	1	9	5
+	8	4	7
a	b	c	d

您在旁边的一张纸上画一张表格,这张表格排列出 3 个三位数的加法,它们将得出一个四位数的和(abcd)。每个格子的大小应该跟牌的大小一样。

您用心算算出离您最近的这行牌的 3 个数字之和。如果您按例子得出了 19(8+4+7),您在个位数记 9,您从剩下的这手牌中抽出一张 9,不要让您的朋友看见这是张什么牌。您把这张牌牌面朝下摆到加法表右边这一竖列下方,即 d 格位置。您记下 1(19 的进位数),把它加到中间这行 3 张牌构成的 3 个数上去。

在我们的例子中,您算出 1+9+5+1=16,您从牌中找出一张 6,把这张牌牌面朝下放到右起第 2 列的位置上,即在 c 格。您记下 1(16 的进位数),把它加到离您最远的这行的 3 个数上去。

在例子中,您算出 6+3+4+1=14,您还是不慌不忙地从牌中抽取一张 4 和一张 1,不让人发现,您把这两张牌牌面朝下放上去:4 放到百位数这个空格里即在 b 格,1 放到左边千位数这个空格里即在 a 格。

在您用心算做这些计算和放牌时,您必须向您的朋友解释说您正在集中精力用这 4 张牌做一个小小的预言。

现在请您的朋友拿起离您最近的这行的 3 张牌中的 1 张并把它放到您的表格上去,放到表格的右上角格子里。然后,请他拿起中间这行的 3 张牌中的 1 张并把它放到第 1 张牌的左边格子里,最后把最远这行的 3 张牌中的 1 张放到前面两张牌的左边格子里:这样您就得到了您的表格上最高一行的一个三位数。

请您的朋友用同样的方法开始做出前面这个数字下方的另一个三位数:充当个位数的这张牌必须从最下面那行里拿,充当十位数的这张牌必须从中间那行里拿,充当百位数的这张牌必须从最上面这行里拿。剩下来要做的就是把 9 张牌中的最后几张按照同样的规则做出第 3 个三位数,这个数位于其他两个数的下方。

让您的朋友做加法,大声地念出来,首先计算个位的数字:让他报出结果并把您的相应的牌翻过来。让他继续找出十位数的数字报出结果,并把您的十位数的牌翻过来。让他做完加法再把您的最后两张牌翻过来。

下面就是可能碰到的一个例子:

$$\begin{array}{r} 3\ 9\ 4 \\ +\ 6\ 5\ 8 \\ +\ 4\ 1\ 7 \\ \hline =1\ 4\ 6\ 9 \end{array}$$

原理

您可以强调这么一个事实:要相加的这些数是您的朋友做出来的,而且您的预言又是在这些数做出来之前就放在那里的。您那可怜的朋友几乎不可能会明白结果是怎么算出来的,因为他没有像您这样已经私下在准备时就了解过这些加法。

在这个戏法中,您可能会碰到一个小问题:如果在加法中,出现了一个 0(没有 0 这张牌)。当您的朋友在挑选 9 张牌的时候,您必须动作要快,比如让他把两张牌换一下位置(借口把这些牌摆得更整齐点),这样做可以防止出现这个“0”。

魔术戏法 15

澳大利亚式洗牌

效果

魔术师教观众一种非常特别的洗牌方法:“澳大利亚式洗牌。”魔术师用澳大利亚式洗牌方法,成功地把一组看起来以随意顺序排列的黑桃牌洗成从小到大的排列顺序。

私下准备

手里拿一副牌,牌面朝下。把上面一张牌放到桌子上,牌面朝下。把接下来的一张牌移到这副牌的下面,从顶部移到底部。再把手里这副牌的顶部这一张放到桌子上那张牌的上面。继续把手里顶部的牌移到底部,再把接下来的那张牌放到桌子上的这组牌上面……最后,在桌子上形成新的一副牌。您刚刚做了一次澳大利亚式洗牌。

现在把一副 52 张牌的 1～8 的黑桃拿出来。把它们排列好,1～8 从上到下按次序排列(牌面朝下),作澳大利亚式洗牌,记下从上往下的新牌序。

初始顺序	1	2	3	4	5	6	7	8
洗牌后顺序	8	4	6	2	7	5	3	1

反过来看，如果要想再一次洗牌后让新的次序变成 1-2-3-4-5-6-7-8，原来的牌应该怎么排序呢？如果想让 1 排到首位，那么需要在洗牌前把它放在第 8 张的位置。如果接下来需要一张 2，必须要把它放在第 4 张的位置，如果再需要一张 3，应该把它放在第 6 张的位置，以此类推。

请验证初始的排序应该是 8-4-7-2-6-3-5-1。

现在拿 8 张牌，一副牌中的 4 张 Q 和 4 张 K。找出初始的排序应该是怎么样的，如果要想在澳大利亚式洗牌后让牌序变成：红心 K，红心 Q，黑桃 K 和 Q，方片 K 和 Q，草花 K 和 Q。

让我们回到 1～8 的这些牌上。

现在您可以尝试一下初始的排序应该是怎么样的，如何在连续两次澳大利亚式洗牌后让牌序变成 1-2-3-4-5-6-7-8。

表演

有了上面这些准备，您可以表演这个魔术戏法了。

您可以拿出一副 32 张的牌，从里面挑出 8 张黑桃，您把它们排列成：7-8-J-10-9-K-Q-A。把这种排序的牌给您的朋友看一下，这样不会引起他的猜疑。给他演示什么是澳大利亚式洗牌。向他证明牌序已经产生了变化（“你应该记得 7 和 8 这两张牌原来是在上面的，现在位置变了吧……”）。现在让他自己来洗牌（在您洗过第一次之后，这次是第二次洗牌），告诉他，他的美好愿望将会实现。

给他看这次牌序变成了从小到大、从 7 到 A，那是因为他隐藏着魔术师的才华……同时，祝贺他一下！

再拿起按顺序排列的 1～8 这组牌，连续作 4 次澳大利亚式洗牌，记下每次洗牌后的结果。第四次洗完后,你们会有意外的惊喜:这些牌回到了初始排序。

轮到您来玩!

有一天,您至少有 3 位朋友在场,拿出从 1～8 已经排列好的 8 张牌。给他们演示澳大利亚式洗牌,让他们注意到在您演示完之后牌真的被洗过了。先后让您的 3 位朋友每人同样做一遍,看最后结果:排序完全恢复!友谊会产生奇迹……

我相信你们会找到更多的戏法创意,比如用同一花色的 13 张牌,记下一次或者数次澳大利亚式洗牌后的变化。

☞ 参阅第 240 页的答案。

第五章
魔力裁剪

我们可以用纸和剪刀来做一些裁剪游戏，同时讲述一些或长或短的故事，它们会让各种年龄的观众都得到愉悦的享受。我们也可以不用剪刀来分一小副牌并制造出令人咋舌的效果。

魔术戏法 16

莫比乌斯带和两个相连的环

效果

魔术师讲述一根腰带的故事，沿着腰带的中轴相继剪出 3 个环，并制造出叹为观止的效果。

表演

在集市上，一个卖腰带的商人看到来了一车的游客，他发愁了：他的货够卖吗？魔术师用纸条代表腰带，把纸条的两端粘连起来，然后在纸条的中轴上剪开：按照这个方法，一根腰带变成了两根，于是商人的生意照做不误，用同样的价格把它们都卖了出去！

A　C
B　D
AD
BC

莫比乌斯带

接着，我们的商人看到来了一个大胖子，需要一根更长的腰带！魔术师把两端粘连起来，小心地扭转一下（我们就得到了一根莫比乌斯带：它只有一个面，因此我们就不能再分里外来涂两种颜色，当我们在纸上用画笔来涂一种颜色的时候，这种颜色可以涂满整个面）。魔术师在这根腰带的中轴上裁剪：我们就得到了一整根腰带，它的长度满足了这个大胖子的需要。

我们可别就此打住：如果一对连体双胞胎（大家知道这些可怜的孩子是天生畸形，即在出生时就通过身体的某个部位彼此相连）需要一根腰带，我们又该怎么做呢？他们正在集市上照看着一个摊位，一个有偿观看长相畸形丑陋的令人好奇的动物的摊位。我们需要使用同样的方法，无非这一次在粘连腰带的两端之前需要扭转两下。于是,同样沿着中轴裁剪后,我们就得到了两个相连的环(因为两个连体双胞胎兄弟是连接在一起的)。

魔术戏法 17

魔 力 裁 剪

效果

如果您还留着同样大小的两根腰带,它们是在第一次裁剪后做出来的,裁剪前没有扭转过(魔术戏法 16),您可以把它们垂直粘连得到两个呈十字接头的圆环。于是魔术师可以向观众提出挑战:"您能够用剪刀剪两次把它们变成一个正方形但是纸又不能断掉吗?"

表演

答案见图示。在第一个环的轴线上做第一次直线裁剪,会得到类似于一副眼镜或者手铐的物体。在连接两个手铐的大直线线轴上做第二次直线裁剪,可以得到正方形,如果把内边线和外环线分开看甚至是两个正方形。如果两个圆圈的大小不同,正方形会变成一个长度大于宽度的长方形。

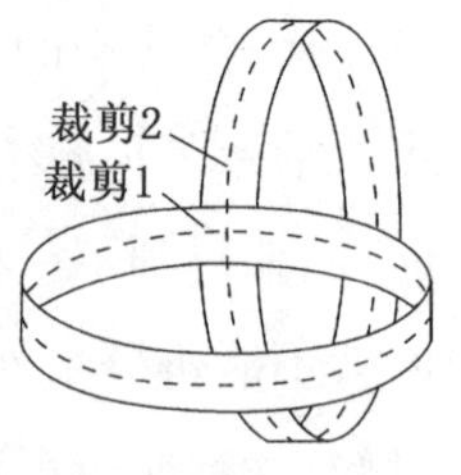

您刚刚完成的魔术游戏属于人们称之为拓扑学的一种数学分支:它关注的是物体的形状,而并非物体的体积和数量。

魔术戏法 18

转轴魔术

效果

一张硬纸板八角形,正反两面画上一个箭头。魔术师转动八角形,箭头似乎一会相向一会同向。

私下准备

要想把您的观众转傻,您得事先按如下图示剪出两个大小相同的八角形。把它们背靠背粘连,同时按图示把两个角对牢。您的八角形道具就做好了:一面是深灰色,一面是浅灰色。

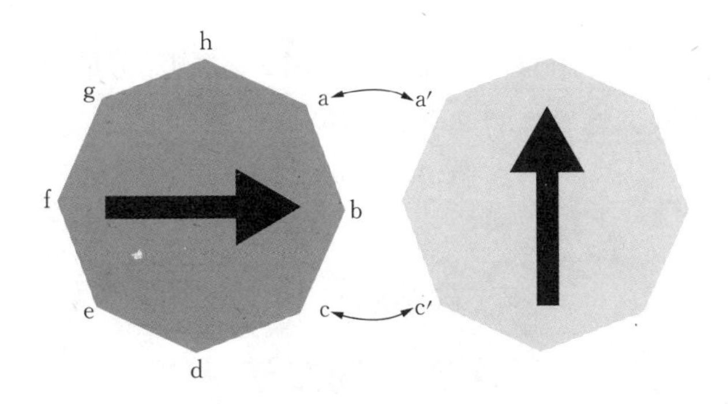

表演

用您的拇指和中指固定道具的一个轴(gc),展示深灰色一面,转动起来:两个黑色箭头在平行的同时方向相反。

在成功地给朋友们做些戏法之后,您说,在表演之初,您已经坚信数学能够提供很好的魔术节目,但是在您身边,并非所有人都同意这种观点(这就是为什么两个箭头在转动时方向会不同)。

您用您的道具敲打一下桌子,同时叫一声“abracadabra”(一种驱病咒语,译者注)!沿轴(hd)垂直拿着八角形,再次向您的观众展示深灰色一面。转动起来,请他们注意,浅灰色面的箭头所指的方向与深灰色面的箭头所指的方向垂直。您说,依您看来,在表演过半之后,大家的意见更趋接近,不再对立了……

再来个厉害点的!再用您的道具敲打一下桌子,再叫一声“abracadabra”!第三次把深灰色一面给您的观众看一下,沿轴(ae)垂直拿道具。请他们仔细观察黑色箭头,黑色箭头在右边向上提升了。转动起来:现在面向观众的浅灰色一面上出现了一个与深灰色一面的箭头指向同一方向并且转向相同的黑色箭头。您说,两个箭头转向同一个方向对应的是您最后对观众们的期望:期望所有人跟您一样认同数学也是一种社会能力……

那么,我们是否可以说魔术也能够在几何学中有所作为……

裁剪并非一定得用剪刀,我们也可以把一套物品分成两个部分,就如同我们在接下来即将看到的这个戏法……

魔术戏法 19

问答纸牌戏法

效果

魔术师向观众提一些问题,直到观众挑出 32 张纸牌中的某一张牌。魔术师在口袋里装一副牌,这张牌将按照观众指定的位置上被找到。

表演

这是一种强迫性选择……魔术师在他的口袋里放一副32张的纸牌，事先看好最底下那张牌，比如是方片7。然后开始向观众提问：

“在一副牌中，有红牌和黑牌。你更喜欢哪一种？”如果回答是“红牌”，没有问题。如果回答是“黑牌”，魔术师说：“剩下来的是红牌。”

“在红牌中，你更喜欢方片还是红心？”如果回答是“方片”，没有问题，否则，要说：“剩下来的是方片。”

在方片中，有大牌(J～A)和小牌(7～10)，你更喜欢什么？如果他不说“小牌”，那么说“剩下来的是小牌”。

“在方片的小牌中，你更喜欢偶数牌还是奇数牌？”如果回答“偶数牌”，那么说剩下来的是奇数牌。

“方片牌中的7和9你更喜欢哪张？”如果回答是7，没有问题。否则就说剩下来的是7。

魔术师可以做总结说：“我把牌从我的口袋里掏出来，刚刚通过你的5个回答所挑选的这张牌就在我这副牌的最下面。”

另外一张总结方法是：“你希望我从我的口袋里掏出你的这张方片7吗？你希望从第几张牌掏出来呢？”魔术师于是一张一张地从他的口袋里掏牌，按对方提出的牌数从这副牌的上面开始掏牌，最后一张要掏这副牌的最下面那张牌。

第六章
骗子是有备而来的

魔术师必须懂得事先考虑如何来骗过观众的眼睛,这种蒙骗要像在邮局投递信一样自然。许多纸牌戏法,如果要表演成功,都需要根据表演程序做好事先准备。

魔术戏法 20

预 言 总 数

效果

观众选择一副牌中相连的 10 张牌。这些牌相加后的总数等于魔术师预言的某个数。

私下准备

这个戏法需要一副动过手脚的牌。从每种花色的牌(T＝草花,K＝方片,C＝红心,P＝黑桃)中取出 10 张牌并按下面顺序排列:6-1-8-K-4-2-1-0-7-Q-5。

如果每张牌都有一个相应的数,那么 J 算 11,Q 算 12,K 算 13,上面这一列 10 张牌的总数则是 68。

把它们叠起来,牌面朝下,按前面提到的一个花色 10 张牌为一系列,然后是另一个花色的 10 张牌为一系列,以此类推。您共有 40 张牌。

在这叠牌(一直牌面朝下)上放上剩下来的洗乱的 12 张牌。现在可以开始表演这个戏法了。

表演

告诉您的观众朋友,你们可以把这副牌最上面的 10 张牌相加一下:跟他一起计算。把这 10 张牌放回到这副牌上面。切牌,只切上面的几张(把 6 张牌移到这副牌的底部),告诉对方现在如果再把上面的牌相加的话总数要变了:跟您的朋友重新计算,总数真的发生了变化。再把这 10

张牌放回到上面。叫您的朋友再在靠近中间的地方切牌。拿一张纸和一支铅笔,解释说您要做一个预言,然后偷偷地写下68,把纸折起来放在桌子上。叫您的朋友计算上面的10张新牌。他会得出68,您把纸条打开,预言成功。

原理

在这次切牌后,这副牌上面的10张牌不再是同一花色构成的10张牌,而是由相连的两种花色的牌构成,在这两种花色中,第一种花色缺少的牌(比如6、1等等)会由第二种花色的等值牌代替。

魔术戏法21

魔术正方形

效果

魔术师推出一个有16个数的正方形。观众把任何一行,或者一列,或者一条对角线上的4个数相加。总数总是相同:魔术师事先做好预言,把它("34")写在旁边的纸上。

私下准备

这里是一个由1到16组成的4×4=16个数的魔术正方形:它制作简便,请看图……根据左边的正方形,只须交换4对数字(2和15,3和14,5和12,8和9,根据方格中心形成对称)就可以做出第二个正方形。在第二个正方形里,每一行、每一列、每一条对角线上的数字之和都是:34。

1	2	3	4
5	6	7	8
9	10	11	12
13	14	15	16

1	15	14	4
12	6	7	9
8	10	11	5
13	3	2	16

这样的一个正方形被称为“和为 34 的魔术正方形”。

魔术戏法 22

魔布戏法

私下准备与事先思考

在前面所做的这个魔术正方形上把二分之一的格子涂色，涂成棋盘形状。

1	15	**14**	4
12	**6**	7	**9**
8	10	**11**	5
13	**3**	2	**16**

同一颜色的 8 个数相加的和是多少呢？

$$12+13+15+10+7+2+4+5=68$$

$$1+8+6+3+14+11+9+16=68$$

我们发现它是魔术正方形之和的两倍。

也许您会发现您家中有人在做缝纫活,使用的面料是一种双色的棋盘格布料,比如灰色和黑色。

设想这个棋盘是一块背面为白色的正方形布料。假如我们把它沿与边平行的分隔16个方格的水平线或者垂直线折起来,那么,要么是一个灰格子排在一个黑格子的后面,要么是一个黑格子排在一个灰格子的后面,而且一种颜色在顶部的话,另一种颜色则在底部。如果继续折叠直到只剩下一个方格,我们来观察一下形成的这一叠16个方格:让我们拿起剪刀,沿边裁剪,把这16个方格相互分开。我们可以一个一个地拿下来观察:我们会有8个同色的方格和8个白色的方格(另一种颜色的背面)。好好试一下,这是一个关于所谓的奇偶性原则的实验。

我们可以做一个同样的实验,设想这块布料可以沿方格的分隔线(水平的或者垂直的,方格一个边或几个边的长度)有数种剪法,但是这块布料最终还是一个整体。叠成一个方格堆起来的方法可以更多而且更复杂,但是结果都是相同的:即同色的8个方格在这叠方格上是正面的,另外8个则是背面。

在一块白色布料上写好魔术正方形的这16个数之后,魔术师在一张纸上写下一个预言:"68",并把它放好。

效果

魔术师请一位观众折起布料,适当裁剪一下并把它折成一个重叠的正方形,然后沿着边剪开,把看见的8个数相加。结果与魔术师的预言相符:正是68。

魔术戏法 23

魔 法 顺 序

表演

魔术师根据需要排列 1～8 的方片牌和 1～8 的草花牌。16 张牌牌面朝下叠放。魔术师把顶部的一张牌移到底部，然后把接下来的一张牌放到桌子上：这是一张方片 A。

他再把顶部的一张牌移到底部。再把接下来的一张牌放到桌子上：这是一张方片 2。戏法这样演下去，回到桌子上的牌的顺序是方片从 1 排到 8，草花从 1 排到 8。

原理

您能找出魔术师事先是按什么顺序来排列这副牌的吗？

在把顶部的牌移到底部的同时，我们在做某种循环。我们可以在一张纸上画一个圆圈，把这 16 个位置排到圆圈上（包括第 1 张牌）。那么方片 A 这张牌应该排在哪个位置呢？还有这张方片 2 呢？继续排其他纸牌的位置。

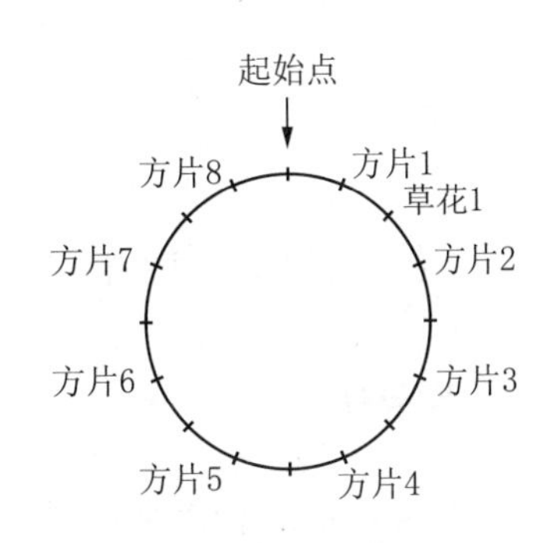

注意：要找到这些排列位置并不那么容易，如果您事先没有安排好，您有可能会惊讶地发现冒出草花牌来。在面对您的朋友们做出色的表演之前，需要仔细测试您以为已经找到的答案！

下面有个答案,如果您自己还没有认真地思考过,您就不必看下去了!

把这些牌按照下面的顺序从上到下排列:

草花8,方片1,草花1,方片2,草花5,方片3,草花2,方片4,草花7,方片5,草花3,方片6,草花6,方片7,草花4,方片8。

轮到您来玩!

您会用10张方片和10张草花来做同样的戏法吗?如果用13张方片和13张草花呢?

☞ 参阅第242页的答案。

魔术戏法24

貌似即兴

效果

观众在一副52张的牌中抽取任何一张牌,魔术师都能够立刻说出牌名。把这张牌放回去后,这个戏法可以重新开始,可以多次表演。

私下准备

这是一个利用事先排列过的52张纸牌的戏法,牌面朝下叠放。

把牌的位置编上号码,顶部那张编号为1,到底部那张编号为52。

标记如下:T=草花,K=方片,C=红心,P=黑桃,A=A, V=J, D=Q, R=K。

位　置		位　置		位　置		位　置	
1	AT	14	AC	27	AP	40	AK
2	4C	15	4P	28	4K	41	4T
3	7P	16	7K	29	7T	42	7C
4	10K	17	10T	30	10C	43	10P
5	RT	18	RC	31	RP	44	RK
6	3C	19	3P	32	3K	45	3T
7	6P	20	6K	33	6T	46	6C
8	9K	21	9T	34	9C	47	9P
9	DT	22	DC	35	DP	48	DK
10	2C	23	2P	36	2K	49	2T
11	5P	24	5K	37	5T	50	5C
12	8K	25	8T	38	8C	51	8P
13	VT	26	VC	39	VP	52	VK

就这样，这副牌出现在观众面前的时候，似乎已经洗得很乱而且没做过手脚，而其实……

——牌的点数前后之差为 3：1—4—7—10—R(＝13)—3— 6，等等。

——牌的花色按照 T，C，P，K 顺序循环。

这副牌的最后一张 VK 将会后跟 AT，因为排列规则是相同的，这样可以让我们切牌时不论从哪一张牌开始都可以让跟牌有规律可循，而不是只能从 AT 这张开始。这副连牌形成了一个真正的循环。

表演

等牌准备好后，魔术师也可以这样来表演戏法：

——他让观众切牌（或者补牌）；

——他把牌摊开，牌面朝向观众，请观众随意挑一张牌；

——他借机把这组牌分成两个部分，从被挑出的这张牌这里开始，把下面这组牌放到上面:现在在牌的底部是那张原先排在被挑中的牌前面的那张。当观众在小心翼翼地偷看他挑的牌时,魔术师一边平牌,一边已经知道底部的这张牌。

——只须再数 3 张牌就可以得出观众挑中的这张牌的点数,而且只须记得底部这张牌之后的牌是什么花色。比如,如果底部的牌是 5K,挑中的牌则是 $5+3=8$,而花色的排列是 TCPK,则这是一张草花,因此观众挑中的是草花 8。

提醒!要记牢 TCPK 这个顺序,别忘了 J 是 11,Q 是 12,K 是 13。您自己练习一下:如果底部是红心 8,观众挑中的牌是哪一张呢?在向朋友们表演这个戏法之前,您最好多做一些练习。

轮到您来玩!

只须把观众挑中并被魔术师说出牌名的这张牌放回到这叠牌中,戏法就可以重新开始表演,重新让观众切牌。效果会变得越来越不可思议……

第七章
计算中的思索

这里是几个用数来表演的魔术戏法：道具仅需一张纸和一支铅笔。计算器都可以不用，因为运算非常简单！有些人不喜欢和数打交道，我们敢说他们在小时候没有机会接触到这些挑战，也没有机会从中得到乐趣，比如接触接下来的这些戏法……

☆ 魔术戏法 25 ☆

如何蒙骗观众？

效果

在一系列的运算之后，魔术师算出观众最初选择的那个数。

表演

魔术师问观众：

——请选择一个整数。

——再乘以 2。

——加上 9。

——加上原来的这个数。

——除以 3。

——减去 3。

——您算出的结果就是您选择的这个数！

原理

您可以举一个例子，写下每一步的运算结果。然后，举第二个例子……不过更好的办法是再读一下这些规则：您现在或许能够明白过来了：

——您选择的这个数被计算了 2 次加 1 次，即 3 倍，然后除以 3，刚好是原来的数。

——9 这个数除以 3 等于 3，如果再减去 3，等于 0：这个数只是用来迷惑您而已……

在中学里,我们可以学会用数学语言来翻译这个戏法:假设 n 是最初选择的这个数:

$$[(2n+9+n)/3]-3=n$$

魔术戏法 26

十进制计数法

表演

选择两个数字(在 1～9 之间)。

第一个数字乘以 2。

加上第二个数字。

把结果乘以5。

用第二个数字减去4次。

您算出结果是多少吗?

效果

如果观众报出结果是78,您可以得意地宣布第一个数字是7,第二个数字是8。

原理

第一个数字有什么计算呢?

它乘以2再乘以5,因此总乘以10。

第二个数字有什么计算呢?

它乘以5,但是减去4次,因此回到原来数字。

因此结果等于第一个数字乘以10,再加上第二个数字。

您应该意识到a和b两个数字形成的“ab”代表了一个等于(10a+b)的数。

当我们在中学里学会用字母计算的时候,这个计算过程也可以按如下表达:假设a和b是两个数,那么 $5(2a+b)-4b=10a+b$

轮到您来玩!

再发明几个类似的计算戏法吧!如果我们的年轻读者们理解透了前面的几个计算戏法,他们可以考虑接下来的几个戏法,它们更多地是针对那些已经开始用字母运算的学生而不是小学生。这一次,我们用扑克牌做道具(接下来的第一个戏法)来增加某些同学的非同寻常的好奇心,同时我们将掺杂一点感情色彩(在接下来的第二个戏法里,还有年龄和出生省份)!

☆ 魔术戏法 27 ☆

用一副纸牌,甚至可以是虚构的纸牌……

每张牌都有一个值,1～10的牌按点数,J为11,Q为12,K为13。给每一种花色分配一个值:草花(T)为6,方片(K)为7,红心(C)为8,黑桃(P)为9(魔术师在介绍时要让观众看得见这些数,否则观众要记的东西太多:比如拿一张硬纸板,上面用图示来标明:草花 = 6,方片 = 7,红心 = 8,黑桃 = 9)。

表演

魔术师说:

——请选择一张牌,

——在牌面原来的值上再加上比它大一点的纸牌的值(比如选择的是一张8的话,那么加上9)。

——把结果乘以5。

——加上花色的值(从6～9)。

——您算出的结果是多少?

如果观众的回答是63,魔术师宣布他选择的牌是红心5。

原理

如果我们把这张牌的值称之为c,那么我们在加上从6～9的花色值之前,可以先计算$(c+c+1)\times 5$。

再回过来算出(10c+5+花色值),即:10(c+1)+(一个从1～4的花色数字),草花为 1,方片为 2,红心为 3,黑桃为 4。

在结果为 63 的这个例子中,6 代表(c+1),因此 c= 5,而 3 对应红心。要想找到第一个数,我们在十位数的数字上减少 1,要想找到第二个数字,我们把从 1~4 的数字分别跟 T, K, C, P 这 4 种花色结合起来就可以了。

魔术戏法 28

出 生 省 份

(在这个戏法中,如果对方是一个在计算方面还不是很熟练的年轻观众,计算器也许还是有用的)。

效果

魔术师算出观众的年龄及出生省份。

表演

魔术师问观众:

——请用您的年龄(整数)。

——乘以 2。

——加上 5。

——乘以 50。

——加上您的出生省份的编号。

——减去今年的天数。

——您算出的结果是多少?

魔术师随后宣布这个观众的年龄和他的出生省份。

原理

假设a是年龄,n是省份编号:

$50(2a+5)+n-365$ 简化为 $100a+n-115$

魔术师在观众的结果上加上115并得出 $100a+n$

这样,用右边两个数字可以立刻说出省份编号,用左边两个数字可以立刻说出观众的年龄。

比如 $a=44$, $n=78$:观众计算出 $50(44\times2+5)+78-365=4\,363$。

魔术师计算 $4\,363+115=4\,478$ 并从中得出 $a=44$, $n=78$。

轮到您来玩!

如果是闰年共有366天,请您修改一下这个戏法。

☞ 参阅第243页的答案。

魔术戏法29

多米诺骨牌戏法

效果

观众从28张多米诺骨牌中挑选一张。魔术师让他做些计算,当他算出最终结果后,魔术师算出他挑的是哪一张骨牌。

表演

一副多米诺骨牌牌面朝下在桌子上摊开。观众选择其中一张,看一下这张牌，不能让魔术师看见。

魔术师要求他：

——把左边的数乘以 5。

——在结果上加上 7。

——在结果上乘以 2。

——减去 14。

——加上骨牌右边的这个数。

——得出最终结果。

魔术师可以宣布：

——骨牌左边的数字：就是算出来的结果的十位数的数字。

——骨牌右边的数字，就是算出来的结果的个位数的数字。

原理

如果我们对数的字母拼写和代数以及计数法有点了解的话，那么解释起来也就容易多了。

假设 g 和 d 是多米诺骨牌的左右两个数字，连续的运算得出：

$$(5g+7)\times 2-14+d=10g+14-14+d=10g+d$$

这就是说有一个可以写成“gd”的数。

要帮助一个年龄更小的观众来理解的话，我们可以用下面的方法根据他的选择来做一个详细的运算。比如他选择的骨牌是(4, 3)：

$$(4\times 5+7)\times 2=4\times 10+14;$$

然后 $(4\times 10+14)-14=4\times 10$，

并且 $(4\times 10)+3=40+3$，最后写成 43。

魔术戏法 30

一条长龙的两端

效果

观众应邀背对着魔术师把所有的多米诺骨牌摆成一条长龙。桌子上放一张折好的纸,魔术师已经在纸上预言了这条长龙两端分别是哪个数。

私下准备

28 张的多米诺骨牌牌面朝下放在桌子上,魔术师偷偷地抽取了不是双数的一张牌(因此会有两个不同的数,比如他记在心上:4 和 1)。他拿起一张纸并写下预言:"这条长龙的两端将会是:一个 4 和一个 1。"他把这张折好的纸放到桌子上。

表演

这些多米诺骨牌牌面朝下放在桌子上。

让您的观众朋友把这些牌翻过来,用它们来排成最长的一条长龙,排的时候要遵守一个规则:根据实际点数来对接。您可以站到一边去,让观众按照他明白了的要求来排牌。

在他排好后,您回过来检查一下这条长龙是否把桌子上的所有骨牌都用上了。

随后让他看到您的预言成功实现。

原理

一套 28 张的骨牌可以形成一个完整的循环(一个圆圈),因此如果魔术师抽掉了一张骨牌,这条长龙两端的点数与您事先抽掉的骨牌的点数是相符的。如果您想再玩一遍这个戏法,需要把缺少的这张骨牌偷偷地放回去,同时再抽一张回来……

第八章
做过手脚的道具

使用不对称的纸牌

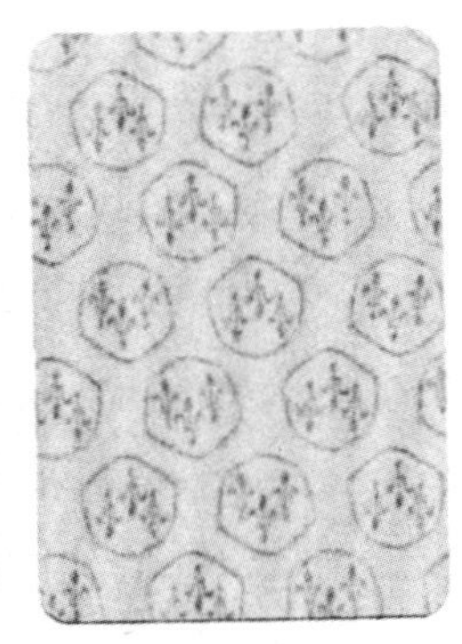

上面的纸牌有一个共同点：它们的塔罗纸牌花纹（背面）是不对称的。

其实，如果您把这些牌沿着牌心旋转 180 度，您会注意到它们是反向的，只是程度不同而已：

——在草花这个图案上,是非常明显的;

——在这张带立体视觉、让人产生错觉看上去是一个立方体的纸牌上:如果我们出示这幅图时注意到轴线上方有一个完整的菱形顶面,那么可以辨别出上下两个部分的不同。在下方,可以看到轴线左右两个整面构成了底部的立方体;

——在最右边的这张牌上,辨认起来还要困难得多:顶部边缘上圆形图案的部分比底部边缘上圆形图案的部分要小。

我们可以使用带不对称的塔罗纸牌花纹的纸牌来设想一些复杂程度不等的戏法。我们可以举例说明,比如拿一副将上层立方体顶面完全朝上的纸牌来作。

魔术戏法 31

一个基本原则

效果

请观众抽取一张牌，看一下，再把它放回到整副牌中。魔术师用各种方法把它找出来。

私下准备

魔术师事先准备好他的牌，把背面都不对称的所有牌定为一个方向。

表演

魔术师把这副牌递给观众，把牌摊开一点，让他抽取一张并看一下。魔术师利用最后一刻把手里的牌转向 180 度，然后让观众把抽取的牌放回来。可以让观众来洗牌，他抽取的牌是这副牌中唯一一张方向不同的牌。要找出这张牌，魔术师可以使用各种手段。比如，把牌分成四组，牌面朝下，留意要找的那张牌在哪一组中。他可以排除掉三组无关的牌，然后在剩下来的牌中再分，直到只剩下一张牌：即那张正确的牌。

☆ 魔术戏法 32 ☆

偶数还是奇数

效果

魔术师可以向他的观众宣称他的手指带有魔法,他能够在切牌后不用数就说出牌的数量是偶数还是奇数。当然,观众会去数牌并会验证魔术师绝对没有搞错。

私下准备

魔术师事先准备好一副牌,一张牌背面按正常方向摆放,另一张牌背面不按正常方向摆放,以此类推。第一张、第三张以及奇数位置上的牌的背面方向一致。偶数位置上的牌的背面则朝另一个方向。如果牌的总数是偶数(比如 52 张),那么第一张和最后一张牌的朝向要分开。

表演

您自己先练习一下,切几次牌,把它们从右到左先后分成四组。如果这组牌的顶部这张牌(靠您手掌心的牌)的定向是"完整的菱形在轴线上方",您就知道底部这张牌的定向是"完整的菱形在轴线下方"。请看右边的这组牌:如果顶部(与分牌前的这副牌一样)这张牌的定向是"完整的菱形在轴线上方",那么这组牌的数量是偶数,但是如果顶部这张牌的定向是"完整的菱形在轴线下方",那么这组牌的数量是奇数。从右边这一组牌您可以知道第二组牌的底部那张牌:它跟右边这组牌顶部这一张的方向是不同的。这样继续推理您可以说出第二组牌的数量是偶数还是奇数……如此相继说出其他两组牌。

魔术戏法 33

酒醉发桥牌

效果

魔术师给 3 个玩牌者及自己发牌，牌面朝下，看似随心所欲地发一副桥牌。他给自己发了一手 13 张黑桃。

私下准备

魔术师事先准备一副 52 张的牌，把所有牌做成同一方向，除了黑桃是反方向的。让观众洗牌。

表演

魔术师说之前碰到过一个喝得烂醉的桥牌玩家，此人随意发 4 手牌，每手 13 张，如通常在桌子上打牌一样先不翻牌。魔术师一张一张地发牌，有时在同一组牌上发好几张，有时只发一张。重要的是要给每个人发齐 13 张牌，魔术师每次给自己发牌时要注意牌的方向：就这样他将得到所有的黑桃，同时吹嘘一番说他既可以拿到一副烂牌，也可以拿到一副黑桃大满贯！

☆ 魔术戏法 34 ☆

魔 术 教 父

效果

魔术师让人相信他能够通过感应向一位朋友传递某张牌的名字。

私下准备

魔术师在把 16 张牌做成同一个方向后与一位朋友同时出场。

表演

魔术师把一组 16 张的牌交给观众来洗,观众把牌排成 4 排,每排 4 张,牌面朝上。魔术师声称能够通过感应与他的朋友交流,并叫他的朋友从房间里走出去。请观众用手指点一下 16 张牌中的某一张。魔术师把牌都翻过去,牌面朝下(为了给他的朋友增加难度),然后叫他的朋友回来,他的朋友马上说出了观众手指点过的这张牌的名字。

原理

其中有一点数学知识:16 张牌的位置可以用一个数或者一个字母根据下面的表格来重现:

1	2	3	4
5	6	7	8
9	10	11	12
T	K	C	P

有一点窍门：魔术师在把纸牌翻成牌面朝下时，把其中两张牌调成不同的方向。他的朋友将轻松地留意到它们。

调成不同方向的两张牌中有一张的位置将代表一种花色：T 代表草花，K 代表方片，C 代表红心，P 代表黑桃（排在最下面一行）。

另外一张牌的位置将代表从 1～10 的数值，或者 11 代表 J，12 代表 Q。如果从 1～12 的牌的方向没有一张是不同的（那么假设只有一张方向是不同的），那么这是因为要找的牌是一张 K。

魔术师当然要熟记这个编码来迅速找出这张牌的名字（但是他不知道这张牌是牌面朝下的这 16 张中的哪一张）。奇妙吧？必须要考虑到被点中的这张牌首先不是背面方向不同的牌，而且按不同方向摆放的最常用的是两张牌，而不是一张，所有这些问题都让观众更加难以识破魔术师的技巧。

第九章
让观众来回兜圈子

接下来的戏法都是使用圆圈，比如把牌排列成钟表表盘的 12 个时刻，或者都是安排移牌（往前，往后），但是不管怎么移，牌最后都回到魔术师期望的位置上。

魔术戏法 35

预 言 时 间

效果

根据与钟表表盘的12个时刻对应的12张牌，魔术师将获得双重的成功：他将算出观众在他口袋里放了多少张牌，同时让观众发现他预测到了与表盘位置对应的那张奇牌。

表演

请您的朋友洗一副牌，然后借口要让他看一下这副牌没有问题，把牌在桌子上摊开，牌面朝上，左边的每一张牌应该在其右边这张牌的下面。摊牌时要特别注意这副牌的左边部分，要能够用眼睛暗中数出13张牌。您必须记住左起第一张牌的名字（在摊开前它是这组牌的顶部那张牌），然后把这组13张的牌递给您的朋友，牌面朝上（您记住的牌于是变成了这13张牌的最后一张）。把其他牌收起来放在一边。拿起一张纸，说您将做一个预言，写下您这张牌的名字，不要让您的朋友看见。把纸叠起来放到桌子上，在接下来的戏法表演中，不要让这张纸离开您朋友的视线。

您转过身去，请您的朋友想象有一个大钟，在钟表盘的12个时刻中选择一个时刻。然后您的朋友要从他的牌中悄悄地拿出与这个时刻对应数量的一小叠牌来，他会从上面先拿，牌面朝上，然后再把这叠牌放回口袋里：比如，他选择的时刻是4点钟的话，他会把4张牌放进口袋。叫您的朋友把剩下来的牌，还是牌面朝上放到刚才放在一边的也是牌面朝上的这组牌上面。您再转过身来，强调您并不知道这组牌的数量。

现在，您说您需要12张牌来画出钟表的表盘时刻。您从这组牌中一张一张地拿过来做成一堆12张的牌，牌面朝上。然后您开始画表盘，把您刚做的这堆牌的第一张牌面朝上的牌放到表盘钟点1的位置，然后根据顺时针方向继续摆放。您要留意您的牌在什么地方：它将对应哪个时刻的位置呢？对应的数可以让您说出您的朋友在他的口袋里放了多少张牌：比如，假设您的牌在4点钟的位置，他就有4张牌在口袋里。微笑着向您的朋友宣布，您透过他的口袋清楚地看见他的口袋里有多少张牌，请他验证您报出的这个数是否准确。

这还没结束呢！要彻底把对方搞得晕头转向，您还得跟他说他放在口袋里的纸牌的数量还对应放了某张牌的某个时刻，这张牌的名字刚好已经写在了预言纸上（在我们的例子中，"4点钟"上的这张牌是您预言的纸牌）。让他把纸打开验证。如果您的朋友还没有被这个精彩的戏法惊得目瞪口呆，您就换个朋友吧！

原理

假设一定数量的牌x被放在口袋里，您的牌应该是在从上数下来的最初的(13－x)这个位置上。

初始位置	1	2	…	13－x	…	12
发12张牌的位置	12	11		x		1
钟表上的时刻位置	12	11		x		1

这就是答案！

☆ 魔术戏法 36 ☆

百搭牌的位置

效果

观众将一副牌从上往下移牌，魔术师不看移牌就算出观众移动了多少张牌。

私下准备

魔术师事先做好下面的 11 张牌，牌面朝下叠放，从上到下的顺序如下：1，2，3，4，5，6，7，8，9，10，百搭牌。

表演

魔术师请观众在一副牌上切一小叠牌，然后把这整叠牌从上面移到底部。魔术师先向观众做一下示范，把 3 张牌一组移到底部，然后把牌递给观众，然后转过身去，请观众按照示范移牌，同时请观众数好他移到底部的牌是多少张。

观众告诉他操作完成之后，魔术师回过身来，拿起牌，把牌一张一张地发到桌子上，在某个时刻，他会停下来并把某张牌翻过来：这张牌的点数就是观众移动的牌数。如果这是张百搭牌，意味着什么牌也没有移动(或者移动了所有的牌)，意味着观众开了个玩笑，这个玩笑说明魔术师拿出百搭牌是有理由的。

原理

用一幅画或者一张图表来解释可以少费很多口舌。

把顶部的牌放在左边,底部的牌放在右边。

当魔术师移动3张牌之后,百搭牌位于第8张的位置:

4	5	6	7	8	9	10	百搭牌	1	2	3
第1	第2						第8			

假设这副牌如此排列,从上面数8张牌,魔术师拿到的就是百搭牌,说明没有牌被移动。如果1张牌移到底部,第8张牌应该是1,说明1张牌被移动。如果2张牌移到底部,第8张牌变成了2,以此类推。于是魔术师看一下第8张牌就知道移动的牌的数量。如果魔术师做示范时移动了5张牌,那么他要看的是第6张牌(因为11－5＝6,而不是11－3＝8)。

轮到您来玩!

这个戏法可以重复表演,只须辨别出在观众移牌之前这副牌的底部那张是什么牌。假设这张牌的点数为"n",魔术师要看的牌的位置则在(11－n)这里。

魔术戏法37

口袋里的红牌

效果

魔术师猜出观众藏在他各个口袋里的纸牌数量。

表演

魔术师转过身去,观众从一副52张的纸牌中抽取一些红牌,红牌的数量必须是偶数,他把这些红牌放到他的左边口袋里,不用数有多少张。

观众把剩下来的牌轮流发成两组(这两组纸牌的数量是相同的,因为剩下来的纸牌数量是偶数,不过魔术师不会把这个说出来)。观众拿一组牌,并把第二组牌递给背对着他的魔术师。

观众把他这一组牌中的红牌抽取出来(不需要数出牌数),把它们放到他的右边口袋里。魔术师转过身来面对观众,向观众宣布他的左边口袋里有多少张牌,他的右边口袋里有多少张牌。

原理

当观众在抽取他这组牌的红牌时,魔术师已经数了自己这组牌的张数。魔术师计算出这个数的倍数,把它从52张牌中减掉就可以知道观众在开始时放在他左边口袋里的红牌数量。

魔术师同样需要数过他自己这组牌的红牌数量“r”。在这副牌中红牌的总数是26张,魔术师从26张牌中减去数量“r”和观众左边口袋里的红牌数量。剩下来的红牌数量就是观众右边口袋里的数量。

比如:假设观众先抽取的红牌有10张,每组有$(52-10)=42$张牌的一半,即21张牌。数出21张之后,魔术师计算出$52-2\times21=10$。

假设在魔术师这组21张牌中有5张红牌,那么在观众这组牌中红牌的数量是$26-10-5=11$。

☆ 魔术戏法38 ☆

数20的对称

效果

观众挑选一个数和在一副牌中相应位置的这张牌。魔术师洗牌,洗牌的时候不看牌,然后边数数边发牌,一直数到20。在“20”这个位置上,这张牌被找出来:正是观众挑选的这张牌!

表演

请观众想出一个小于 10 的数,并看一下从这副牌上面数下来的这个位置上的那张牌,然后记住那张牌;在这个过程中,魔术师背对着观众。观众把挑选的这张牌放回到整副牌原来的位置上。

魔术师转过身,拿过牌,开始操作,这回观众不能看:在观众背后,他把上面 19 张牌的顺序颠倒过来,一张一张地放回到整副牌中。在这个过程中,他声称他正在把选中的那张牌放在第 20 张的位置上。

这副牌回到魔术师和观众之间:观众要说出他原来挑选的这个数“n”(比如:7)。魔术师从这副牌的上面开始一张一张地发牌,同时数数:他先从“n”(比如:7)开始报数,然后第 1 张牌数成“n + 1”(在我们的例子中:8),然后接下来这张是“n+2”(在我们的例子中:9),这样一直数到 20。把这张牌翻过来:正是观众挑选的那一张。

原理

假设 7 是观众挑选的数,“7”位置上的这张牌上面原来有 6(7 − 1)张牌。

在魔术师把 19 张牌的顺序颠倒过来之后,这些牌从上往下的排列变成这样:12(19 − 7)张牌,然后选中的这张牌是在第 13 张位置上,然后是 6(7 − 1)张牌。

我们可以验证:$(19-7)+1+(7-1)=19$。

被选中的这张牌的位置是:$(19-7)+1=20-7=13$。

当我们在发第 1 张牌的时候我们数的是“7 + 1 = 8”, 我们在牌的位置上加上 7。当我们数到 20 时,在这副牌中的位置是“20 − 7 = 13”, 这个位置上的牌就是观众选中的那张牌。

我们可以用其他任何一个小于10的数n来代替例子中的7，并用同样的方法来解释。

这是一个对称的问题：因为20－n＋n＝20倒过来可以设想数20位于数(20－n)和数(20＋n)的中间，就如同点O位于以O为中心的两个对称点的中间。

魔术戏法39

对　合

效果

观众挑选一小叠牌和这叠牌的底部这张牌。魔术师和观众轮流在整副牌上多次移牌之后，观众挑选的这张牌在52张的整副牌的底部被找回来。

表演

魔术师背对观众，观众洗牌并从中抽取n张牌(小于15)组成一叠牌：他要记住底部的这张牌，然后把这叠牌放回到其他牌的上面。

魔术师转过身来，把这副牌放到他背后，从上面数15张牌，不变换顺序，把这15张牌移到这副牌的底部。

然后，魔术师把这副牌递给观众，再转身，同时请观众核对他选中的这张牌已经不再位于前面的n张牌里面，再请他把上面的这n张牌移到这副牌的底部。

接着，魔术师重新拿过牌，再放到背后，把底部的15张牌移到顶部，整叠移动。这副牌底部的这张牌就是观众挑选的那一张牌。作为魔术师，您也可以用您所喜欢的手法来公布结果。

原理

假设 n 是纸牌的数量，n<15。下面是各个步骤的示意图：

初始状态	上面的(n－1)张牌
	在第 n 张的牌
	后面的余牌
步骤 1	无关的牌
	(n－1)张牌
	挑选的这张牌
	(15－n)张牌
步骤 2	无关的牌
	(n－1)张牌
	挑选的这张牌
	(15－n)张牌
	n 张牌
步骤 3	15 张牌
	无关的牌
	(n－1)张牌
	挑选的这张牌

数学爱好者园地

我们可以说这个戏法是以“15－n＋n”这个公式为基础的，两次移牌相互抵消，就如同我们以某个点为中心连接起来的两个对称可以让它们回到初始的点。在数学上，对称是可以对合的：用对称可以构建恒等贴合；图像对称的函数有其反函数。

第十章
算术,9的属性及幻方

下面是几个令人好奇的数学属性,几个世纪以来它们让许多人为之着迷,其中包括普通百姓。它们的魅力经久不衰:请看……

跟9有关吗? 9是个带有魔法的数字。

当一个整数可以被9整除的时候,我们这个数称为“9的倍数”。

要知道如果能被9整除,需要具备一个标准:只须找出这个数的数字之和是否是9的一个倍数。比如,不用先把4 732 164除以9,我们可以计算出4+7+3+2+1+6+4=27,正如27在9的乘法表里,我们可以断定4 732 164能被9整除。

如果两个数都是9的倍数,那么我们把它们相加、相减、相乘之后结果依然是9的倍数。

我们拿一个9除不尽的数吧,比如1 758,相除后的余数是3。这些数字相加的和是21, 21除以9的余数也同样是3。如果我们把它们相减1 758-21=1 737,我们会得出一个9的倍数。这是一个普遍的结果:如

果一个数不是 9 的倍数，这个数除以 9 的余数与这个数的数字之和除以 9 的余数是同一个数；如果把这个数减去这个数的数字之和，我们会得出一个 9 的倍数。

下面是两个使用 9 的属性的戏法。

魔术戏法 40

纸牌和四位数

效果

观众做一个计算，给出一个四位数的数，4 个数字由 4 张纸牌代替。把一张纸牌藏起来，魔术师还是根据其他 3 张纸牌算出了这是张什么牌。

表演

魔术师转过身去，请观众悄悄地写下一个四位数，然后再减去这个数的 4 个数字之和(因此结果将是一个 9 的倍数)。观众必须悄悄地选择一副牌中的 4 张牌，构成计算结果的数值，个位数用红心，十位数用方片，百位数用草花，千位数用黑桃。(如果有一个 0，则用一张人头牌代替)。魔术师请观众把 4 张牌中的某张点数牌放到口袋里，把其他 3 张牌放在桌子上。魔术师转过身，宣布藏在观众口袋里的是张什么牌。

原理

我相信您已经明白了：4 张牌中缺少的这张花色(红心、方片、草花、黑桃)可以马上看出来；至于点数，只须想一下要得出一个 9 的倍数需要在已知的 3 张牌的总数上加上多少就可以了。

(如果这已经是一个 9 的倍数，那么缺的就是 9，不可能是一个 0，因为在口袋里的这张牌按要求是放“点数”牌，而不是放一张人头牌。)

魔术戏法 41

纸、铅笔和计算器

私下准备

准备一副牌,看清楚从上面数下来的第 9 张是什么牌。带上这副牌,一张纸,一支铅笔和一个计算器,去见您要表演给他看的一位朋友。

表演

请您的朋友挑选 3 个相连的数(比如 66, 67, 68),把它们相加(按我们的例子:201)。这个和将等于中间这个数的 3 倍,不过别说出来:您刚刚让他做了一个 3 的倍数的数。

请您的朋友把这个和相乘(我们称之为“计算它的平方”):您得出了一个 $3\times3=9$ 的倍数,但是您的朋友并不知道(我们的例子:$40\,401=9\times4\,489$)。

现在请您的朋友把结果这个数的 4 个数字相加,直到得出一个比 10 小的数:他会得出 9,但是别告诉他。

效果

请您的朋友看一下与他的数字相对应的这副牌,从上面数下来的位置的这张牌并记住是什么牌。他会看第 9 张牌,就是您已经知道的这一张。您可以让他洗牌,然后您可以尽情发挥一切精彩的方式找到这张牌。

轮到您来玩!

利用 9 的这些属性,您可以自己编出一些其他戏法。

魔术正方形

当我们把1～9的九个数如下排列到一个正方形格子里，我们会看出一些有意思的东西……

1	2	3
4	5	6
7	8	9

1		
	5	
		9

	2	
4		
		9

		3
4		
	8	

如果您从这9个数中只保留3个，同时注意每一列中只有一个数，每一行中只有一个数，这3个数的和总会等于15。除了上面这3个数，您可以用其他数来尝试类似的排列，您可以肯定结果还是一样。

现在您已经认识这些魔术正方形了！用从1～9的这些数，还可以排列成下面这样：

8	1	6
3	5	7
4	9	2

请验证每一行、每一列、每一个对角线的数相加之和都等于15。

在我们的戏法开始之前，还得做一点小小的思考。

假设您在桌子上放了一叠牌，这叠牌的数量在10～19张之间选择。如果您把构成这个数的两个数字相加，比如16张牌，您做1＋6＝7，然后再看从下面往上数的第7张牌，那么，这张牌从这叠牌的上面往下数应该是在第几张呢？如果您在10～19张之间换一个数，继续选择根据两个数字相加的和所对应的从下往上数的位置上的这张牌，您看过的这张牌再从上往下数的位置会产生变化吗？

现在您可以欣赏接下来的这个戏法了。

☆ 魔术戏法 42 ☆

魔术正方形……没有魔力吗!

效果

观众在 10～19 张牌之间选择一个数,根据这个数再来挑选一张纸牌。然后他在 9 张牌中选择 3 张牌,这 3 张牌的和帮助魔术师找出观众挑选的那张纸牌。

私下准备

读完前面这部分内容之后,您只需要来做这副牌了(呵呵,又来骗人了):在这副纸牌的上面按从上往下的顺序放上 1～9 的 9 张牌,尽量用不同花色的牌。

表演

拿起这副牌,说您需要 9 张牌,数 9 张牌,把它们放到口袋里;把剩下来的牌交给您选择的观众,请他洗牌,然后背着魔术师挑选一叠数量为 10～19 张之间的牌。

在这叠牌挑好后,让他把这个数的两个数字相加,然后把与加出来的这个数相应的纸牌一张一张地发到桌子上(比如挑了 13 张牌的话,发 4 张牌),他在做这一切时,您都不能看。请他拿起这小叠牌的最上面这张牌看一下,再把它放回去,但是要记住是什么牌。现在把剩下的牌放在这小叠牌的上面。

您转过身来,强调:在不知道有几张牌形成的这叠牌中,您不知道他看过的这张牌处于哪个位置上。

现在您从口袋里拿出最初数出的9张牌,问他:您希望我按照原来的顺序有规律地把牌排到桌子上呢,还是在桌子上随便怎么排?发牌时牌面朝下。

第一种情况:有规律发牌,您可以排出前面出现的1～9这些数组成的第一个正方形。

第二种情况:您把牌排成前面出现过的最后一个魔术正方形(您必须要记住排列,但是可以假装迟疑来“随便”排列)。

在第一种情况下:

——请您选中的观众挑选一张牌并把它翻过来,您说你们要把同一行和同一列中的其他牌(4张)全部拿掉;

——您要求再在剩下来的牌中翻起一张,然后把同一行和同一列中的其他牌(2张)全部拿掉;

——现在,只剩下一张牌面朝下的牌。你们把它翻过来;

——于是有3张牌面朝上的牌:请您的朋友把这3张牌的点数加起来(他会算出15),并在刚才挑选的这张牌所处的这叠牌上面,放上拿下来的这6张牌。

在第二种情况下:

——请观众挑选一行或者一列或者一条对角线;

——让他把上面的3个数相加(他会算出15),并把拿下来的6张牌放到刚才挑选的这张牌所处的这叠牌上面。

到了总结的时候了,无论是在第一种还是在第二种情况下:请观众从边上的这叠牌中发15张牌(既然他刚刚凑巧算出了15)。让他报出他挑选的这张牌是什么牌,让他把他手上剩下来的这叠牌的最上面这张牌(第16张牌)翻过来:正是他挑选的牌!

原理

有了前面这一切准备,您应该不难理解这个戏法的精妙之处:得出来的 15 这个数是不变的,还有最后放到这叠牌上面的 6 张牌这个数也是不变的(在 10～16 张牌之间移牌)。现在轮到您自己来回忆这整个过程了。

在 3×3 正方形之后,让我们来看看
尺寸更大的 4×4 正方形

我们已经轻松地做过一个 16 格的魔术正方形,您还记得吗?

1	2	3	4
5	6	7	8
9	10	11	12
13	14	15	16

1	15	14	4
12	6	7	9
8	10	11	5
13	3	2	16

您做出的这个魔术正方形的每一行、每一列、每一个对角线上的几个数之和都是 34。非常著名的一个魔术正方形是阿尔布雷特·丢勒在其作品《忧郁》中的幻方,《忧郁》是他在 1514 年创作的版画。1514 这个年份被巧妙地填进了这个幻方上面第一行中间的两个格子里。

现在这里有一个魔术戏法,如果您的观众不了解这个幻方的历史,您可以先给他们讲述一下,然后再给他们表演。

☆ 魔术戏法 43 ☆

“历史性”幻方

效果

您可以为某个朋友制作一个个性化的幻方,幻方的和将是适合这个朋友的一个数。比如,如果他已经超过34岁,那么这个为庆祝他的生日而做的礼物将是多么珍贵!

表演

开始作这个幻方之前,要先请您的观众决定一个与他的年龄相符的魔术之和:在34和60之间选择。

填上1~4这几个数,排列要正确,然后是5~8这几个数,还有9~12。只剩下A、B、C、D这4个空格。

	1		
			2
		3	
4			

	1		7
	8		2
5		3	
4		6	

	1	12	7
11	8		2
5	10	3	
4		6	9

B	1	12	7
11	8	A	2
5	10	3	C
4	D	6	9

让我们来看一下 A 这个数。在这一行、列、对角线上的其他 3 个数之和都是相同的。是多少呢? 如果您的朋友想要一个 48 的和,那么您应该在 A 这个位置上填上哪个数字呢?

让我们来看一下 B 这个数。在这一行、列、对角线上的其他 3 个数之和都是相同的。是多少呢? 如果您的朋友想要一个 48 的和,那么您应该在 B 这个位置上填上哪个数字呢?

让我们来看一下 C 这个数。在这一行、列上的其他 3 个数之和都是相同的。是多少呢? 如果您的朋友想要一个 48 的和,那么您应该在 C 这个位置上填上哪个数字呢?

让我们来看一下 D 这个数。在这一行、列上的其他 3 个数之和都是相同的。是多少呢? 如果您的朋友想要一个 48 的和,那么您应该在 D 这个位置上填上哪个数字呢?

根据期望的魔术之和如何来计算出 A、B、C、D 这几个位置上的数呢?

我相信您自己就能够算出来。

魔术戏法 44

魔 法 纸 牌

效果

观众按照估计把近半副 52 张的纸牌放进口袋里。魔术师把 16 张纸牌排列成正方形,让观众算出任何一行或者一列的 4 张牌的点数之和。然后叫观众数一下他口袋里有多少张牌:同样的数!

私下准备

魔术师事先准备这副牌，从上到下，牌面朝下：

——21 张无关的牌；

——26 张如下的牌：一张百搭牌，然后随便什么花色混杂的牌：1，2，3，4，5，6，7，8，9，10，J，Q，K，1，Q，7，J，8，2，5，10，3，4，6，9；

——6 张无关的牌。

表演

请观众在靠近中间一点的地方切牌，把上面这部分牌拿走，放在他的口袋里。

魔术师随后把剩下来的这部分牌拿起，说要把这些牌排列成一个 4 × 4 的正方形，从这叠牌的上面开始一张一张地发。

第 1 张牌在发牌时牌面朝上，不过魔术师立刻把它翻回去并说："还是把牌面朝下放好。"

他继续摆 3 张牌，按照他心里记住的正方形的如下位置摆放：

第 2 张			
		第 1 张	
			第 4 张
	第 3 张		

然后，他切一小叠牌，把它们从上移到这副牌的底部。多少张呢？这个数量等于 10 减去第 1 张牌的点数（这张牌应该小于 10，如果观众刚好在将近中间的地方即在事先准备过的这一系列牌中切牌：比如，如果这是一张 4，他就把 10－4＝6 张牌移到底部）。

魔术师就可以轻松地排列接下来的牌,按照表格上的顺序在空格上如此排列:

第2张	第5张	第6张	第7张
第8张	第9张	第1张	第10张
第11张	第12张	第13张	第4张
第14张	第3张	第15张	第16张

然后请观众把牌翻过来。我们可以看到每一行、每一列、每一条对角线的数相加之和是同一个数。这是一个魔术正方形。

原理

别急着看“答案”呦!第243页。

第十一章 挑战难缠的观众

与观众来几次直接的对抗不会让您胆怯吧？接下来的这些戏法都是要挑战观众的眼力，要让他们在与魔术师的对抗中败北。观众会想方设法让魔术师出些差错，但是如果魔术师严格按照下面的程序操作，观众的一切努力都将是枉费心机。

魔术戏法 45

12 枚硬币

效果

不用看观众放在桌子上的硬币，魔术师打赌让他把其中几枚翻个面就可以得到同样数量的“正面”和“反面”，打赌成功。

表演

把 12 枚硬币摆成圆圈，正面朝上，就像表盘上的 12 个钟点。便于您区别，在表盘 12 点这个时刻相应的硬币上方放一支笔或者一把钥匙。

告诉观众您将不用眼睛来表演这个戏法：您可以背过身去，也可以用布条蒙住眼睛，由观众选择。

请观众把任意 6 枚硬币翻成反面向上。

然后请他在您看不见的情况帮您把与下面钟点相应的位置上的 6 枚硬币翻个面：1 点 20，5 点 35，8 点 50。您说您不可能知道在他帮您翻过来的这些硬币中，是否有他之前已经翻过面的硬币。

问他现在正面向上的硬币有几枚。

不管他的回答是多少，您继续说：“我跟你打赌，我要让你准备两堆硬币，每堆上面‘正面’的硬币数量将会一样多，我不会看着你做。请先准备第一堆，拿下面这些时刻相应位置上的 6 枚硬币：12 点 10，3 点 30，9 点 55。”

第二堆自然是用剩下来的 6 枚硬币。请这位观众朋友观察这两堆硬币，果然每堆都有相同的“反面”和“正面”。

原理

在您开始介入之前,有6枚“正面”和6枚“反面”硬币。您将随机把0~6枚“正面”的硬币翻个面。让我们来看看在各种情况下发生的变化。在表格中,这些硬币“正面”和“反面”的位置忽略不计,只有它们的数量是最重要的。我们分了3列,用来区别不变的“正面”(F表示)硬币,翻过面的硬币,不变的“反面”(P表示)硬币。

翻面之前		FFFFFF	PPPPPP
翻面之后		PPPPPP	PPPPPP
翻面之前	F	FFFFFP	PPPPP
翻面之后	F	PPPPPF	PPPPP
翻面之前	FF	FFFFPP	PPPP
翻面之后	FF	PPPPFF	PPPP
翻面之前	FFF	FFFPPP	PPP
翻面之后	FFF	PPPFFF	PPP
翻面之前	FFFF	FFPPPP	PP
翻面之后	FFFF	PPFFFF	PP
翻面之前	FFFFF	FPPPPP	P
翻面之后	FFFFF	PFFFFF	P
翻面之前	FFFFFF	PPPPPP	
翻面之后	FFFFFF	FFFFFF	

您会注意到“正面”和“反面”的硬币数量一直是一个偶数,在第2行中,如果您把左右两格的6枚硬币放在一起,正反两面的分布与在中间这格的分布是一样的。

您要求用来做成堆的钟点是您没有用来翻面的6个位置。

在表盘上您翻过面的位置是:1, 4, 5, 7, 8, 10。

您要求拿来做成堆的位置是:12，2，3，6，9，11。

最好用时间来表达,这样不至于让人轻易识破窍门,但是观众的年龄不能太小,而且得熟悉带指针的表盘。至于问对方正面向上的硬币有几枚这个问题,那纯粹是为了迷惑对方而已。

魔术戏法 46

预言中的钥匙

效果

观众和魔术师轮流抽取物品。魔术师能成功预言最终留在桌子上的物品,不论是他先开始抽取,还是观众先开始抽取。

表演

魔术师请观众把随身带的小物品都摆放到桌子上(物品数量不受限制)。魔术师宣布他和观众轮流指定两件物品,没指定物品的人决定抽取两件物品的一件。他同时说,他们将轮流转换角色,直到只剩下一件物品。魔术师在桌子上摆上一个封好的信封,说信封里有一张纸,在纸上已经按预言画好了最后剩下来的这件物品。魔术师向观众发出挑战,看观众能否让结果与预言相反。游戏可以开始了。

➤例 1

有七件物品:一把钥匙,一个瓶塞,一支铅笔,一块手帕,一块橡皮,一个胶带,一张信用卡。

魔术师先开始,在这些物品中选择两件,观众把胶带抽取掉。

观众选择了钥匙和瓶塞,魔术师把瓶塞抽取掉。

魔术师选择两件物品,观众把信用卡抽取掉。

观众选择钥匙和手帕,魔术师把手帕抽取掉。

魔术师选择两件物品,观众把橡皮抽取掉。

观众选择钥匙和铅笔(其实只剩下这两件了),魔术师把铅笔抽取掉。

于是最后一件物品是钥匙。他们把信封打开,发现上面画了一把钥匙:预言实现。

➤例 2

有八件物品:前面七件加上回形针作为第八件。

魔术师请观众先开始抽取。游戏的过程跟前面一样,最后,留下来的还是钥匙,信封里的预言成功。

原理

——魔术师要在一张纸上画一把钥匙并把纸放在信封里。

——魔术师得自己有一把钥匙,以防观众不把钥匙拿出来。

——如果物品的数量是奇数,魔术师选择先开始抽取;如果物品的数量是偶数,魔术师让观众先开始抽取。

——在选择两件物品时,魔术师绝不会把钥匙列进去,因为钥匙不能被观众抽取掉;当观众选择钥匙和另一件物品时,魔术师当然把另一件物品抽取掉。

要点提醒!必须要由魔术师来抽取最后一件物品并把钥匙留下来。因此当物品总数为偶数时,应由观众先抽取两件物品;如果物品的数量是奇数时,则要由魔术师先来选择两件物品。

☆ 魔术戏法 47 ☆

5 个魔术方块

效果

魔术师把一个计算器借给观众让他把 5 个三位数相加并计算出结果。魔术师则用口算，跟观众比赛谁算得快。

表演

魔术师请观众同时掷出 5 个魔术方块，得到 5 个要相加的数。魔术师会立刻算出相加的结果并且总会赢(这个游戏也可以跟数个观众重复表演，他们掷出的数的总和会各不相同)。

要知道魔术师并非是一个神奇的计算器，那么他又是怎么做到的呢？

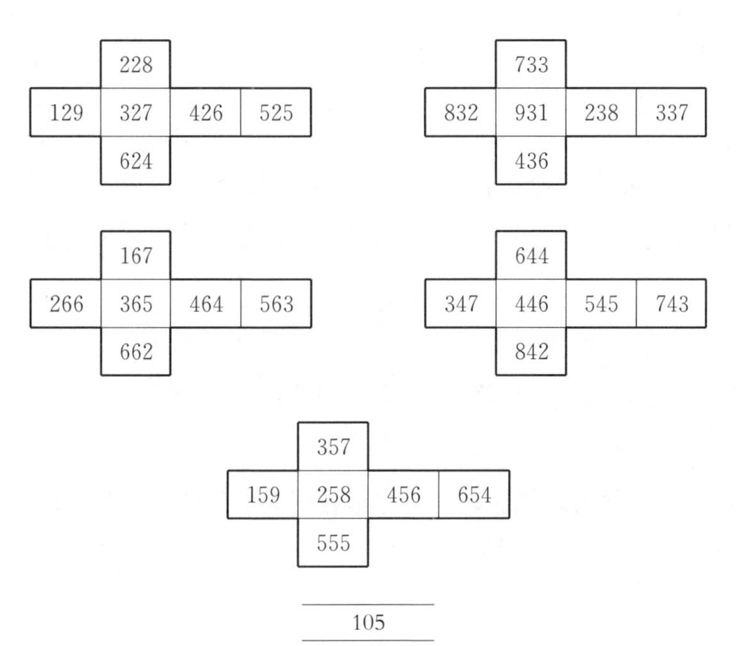

原理

1. 在每个方块上的十位数是什么数字?

2. 5 个方块上的十位数上的 5 个数字相加之和是多少? 它的个位数字是什么?

3. 把从 5 个方块上得到的 5 个数的个位数字相加之和与 5 个数之和的十位数上的数字进行比较。

4. 把方块各个面上每个数的个位数字与百位数字相加之和计算出来。

5. 把得到的 5 个数的个位数字之和与百位数上的 5 个数字加上十位数上的数字之和的进位之后的结果进行比较。

☞ 参阅第 244 页的答案。

☆ 魔术戏法 48 ☆

电视上表演

效果

电视里的魔术师给安静地坐在屏幕前的观众一些指令。观众把 3 个物品移动数次并把其中两个拿掉,魔术师猜出最后剩下来的是哪个物品。

表演

魔术师在电视里出现,跟观众说:"用纸裁出 3 个正方形,在上面分别画上○、十和△。"

然后,魔术师请您把这 3 个正方形在屏幕上排成一行(画面朝向你们自己):

——静电足够把纸粘住，不用把胶纸拿出来！

——把它们按顺序排好，随便你们按什么顺序。

——然后请按照以下的指令操作：

——如果可以，请把有○的这一张纸跟它右边的纸交换位置，否则不动；

——如果可以，请把有△的这一张纸跟它左边的纸交换位置，否则不动；

——如果可以，请把有＋的这一张纸跟它右边的纸交换位置，否则不动。

——请把右边的两张纸拿掉，请看屏幕。

然后，电视魔术师会告诉您剩下来的这张纸上有△。

这一切都是在电视里远程进行！好一个千里眼！

您曾渴望要弄个明白……而且您成功了！

您自己都尝试过这种类型的戏法。

“我们可以用4幅画把前面这个戏法变得复杂一点吗？比如第4张纸画上＊，要求在最后把右边的3幅画拿掉”。

请在前面3次位置更换上再加上下面这1次：

——“如果可以，请把有＊的这一张纸跟它右边的纸交换位置，否则不动”。

有多少种情况需要验证？能成功的有多少种呢？

如果△的初始位置在第4个位置上，有时甚至在第3个位置，您就会碰到麻烦……

针对您的挑战，这里有一个答案……

如果△与它左边的纸在最后更换，出现○＋△这种排列时会有问题。在24种情况中，有6种会无法成功，其中4种是△排在最后，另外2种是△排在右起的倒数第二位。因此这个戏法不能用4个指令来表演……但是您能够用 4 幅画更换 5 次位置(按什么顺序呢?)来成功地表演这个戏法吗?

当然可以!更换 5 次位置可以成功,此外,这个戏法可称之为“拉斯维加斯魔术”。

魔术戏法 49

拉斯维加斯魔术

效果

在什么都不看的情况下,魔术师迫使观众把 4 个物品中的 3 个拿掉,只留下他事先预言的那个物品。

表演

指令如下:

——请把您的 4 幅不同的画(符号为△、+、—、○)排成一行。

——如果可以,请把有△的这一张纸跟它左边的纸交换位置,否则不动;

——如果可以,请把有○的这一张纸跟它右边的纸交换位置,否则不动;

——如果可以,请把有+的这一张纸跟它右边的纸交换位置,否则不动;

——如果可以,请把有—的这一张纸跟它右边的纸交换位置,否则不动;

——请把右边的三张纸拿掉,请看屏幕。

您现在只剩下有△的这一张纸了。

魔术戏法 50

迦太基城的建城传说

效果

魔术师向观众出示一张 21 厘米×29.7 厘米的普通纸,同时发出挑战说:"请你们用剪刀在这张纸中剪一个孔,这个孔必须能够让我站着穿过去!"

表演

当在场的观众目瞪口呆无人出来接受挑战的时候,魔术师说他将给大家讲述一个故事,故事的结论将会给出答案……

在公元前 814 年,提尔王国(现在的南黎巴嫩)的领袖穆托国王有两个孩子:大女儿迪东与小儿子比格马里翁。国王去世。要继承王位,迪东必须嫁给一个大祭司。她决定继承王位,于是嫁给了大祭司斯查巴斯;结婚两天后,斯查巴斯被人杀害。迪东派人进行了秘密调查,发现她的兄弟比格马里翁是主犯,他的目的是为了登上王位。迪东于是决定离开她的祖国,以此来躲避弟弟那种对权利的致命欲望。她带了一些忠实的朋友坐船朝西方出发。

她的船在非洲的一个半岛上停靠。这个半岛就是现在的突尼斯。土著首领是雅尔巴斯:迪东要求受到款待,而且还为她自己和她的朋友们要求"一块放得下一张牛皮的土地"。雅尔巴斯显得很慷慨,可惜也许不够聪明:迪东用下面的方法和图示把一张牛皮剪成细条,再把它们展开……

沿着这些水平线和点划线裁剪,不要越线。要练习的话,可以先用一张白纸,把它对折起来,在纸中心的褶皱处剪起,不要剪到褶皱的两端,然后剪边上的平行线,从一端的头剪到另一端。注意平行线的裁剪数量必须是奇数,至少要 13 条线才会得到一个人的高度。

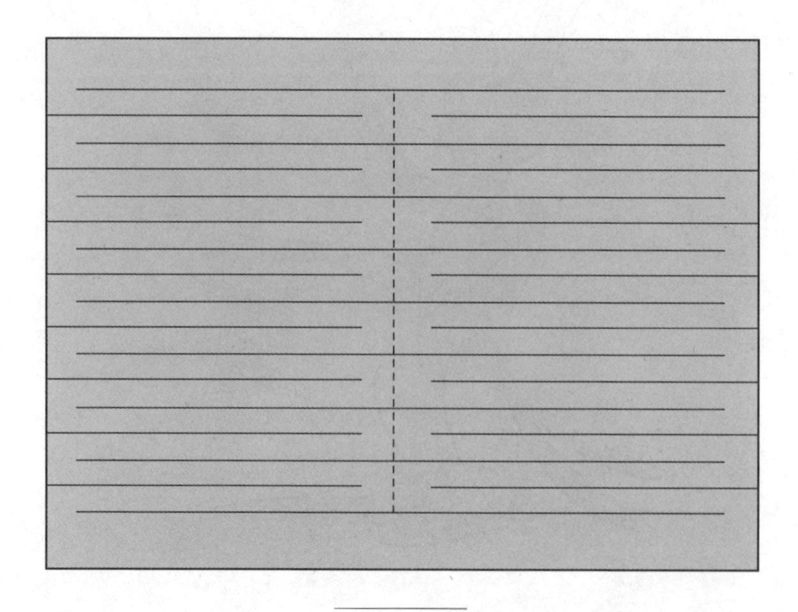

用牛皮的细条构成的边线内的土地让给了迪东，这条边线是如此的长，足以让迪东能够在里面安顿下来，而且还创建了卡尔法根（新城），也叫做迦太基城。

魔术师在讲完故事后，展示他的剪纸并从中穿了过去，自己完成了挑战。数学班的学生非常清楚面积和周长不属于一回事，而且知道如果在裁剪时这张纸的面积没变，那么周长却会变得很大。有些老师甚至准备让他们的学生计算：在一张纸上要做多少裁剪才能够让一头大象穿过去！

轮到您来玩！

如果不用一张纸，而是用一张纸牌来表演，请改编一下这个戏法。

注意，硬纸板比一般纸张要难剪得多，此外，裁剪时这些线彼此靠得非常近，拉开线条时非常容易断掉。您可以在表演这个戏法时把挑战改成让魔术师的头穿过一张纸牌。

要想了解结果，请参阅“答案”这个章节，您还会看到作者的头像！

☞ 参阅第 245 页的答案。

☆ 魔术戏法 51 ☆

赢　三　张

效果

魔术师只跟一位观众玩的纸牌戏法对您来说已经构不成什么刺激了，那么您想同时挑战三位观众吗？这个戏法适合您！3 张牌将同时被找回！

表演

右手拿一副52张的纸牌,牌面朝下。用左手的食指把牌滑到桌子上,把它们摊成一长串,左边第1张牌部分叠在第2张的上面,以此类推。

请三位观众每人拿一张牌,看过之后把牌放在各自面前。因为牌是摊开的,您可以用眼睛数一下,不要让别人注意到,然后从左边收起10张牌并交给第一位观众洗牌。然后请他把他挑的放在桌子上的那张牌放到这10张牌上面。

您继续做一堆牌,在摊开的牌中从左往右收起15张牌,请第二位观众洗牌,把他挑的那张牌放在这叠牌上面,再把这叠牌放到第一位观众的这叠牌上面。

最后您做第三堆牌,从摊开的牌的右边起收起9张牌,并说:"这些牌是给我的,"您把桌子中间剩下来的这些牌递给第三位观众(它们应该有52-3-10-15-9=15张,但是只有您才必须知道每一组牌的构成)。第三位观众也要洗一下他的牌,把他之前挑的那张牌放在上面,然后把他这叠牌放到其他两位观众的牌上面。现在轮到您把您的牌(9张)放到这些牌上面,同时您说:"现在你们的3张牌已经藏在里面了。"

现在解释说您要把这些牌一张一张地发成两堆:左边一堆牌面朝上,右边一堆牌面朝下。您可以做个示范:在左边,一张牌面朝上,旁边一张牌面朝下,然后在左边的第1张上面发一张牌面朝上的牌,在右边刚才开始第二堆的这张牌上发一张牌面朝下的牌。您问他们是否大家都明白了这种发牌方式,您把示范的这4张牌收回来,把它们放到这副牌的底部(别忘了,要想让戏法顺利进行,这个示范是必不可少的)。

现在把整副牌递给第一位观众,让他按照这种发牌方式把牌发完,同时命令三位观众中谁在牌面朝上的这一堆上看到发出自己的牌时要马上喊"停"。

你们发现这次在牌面朝上的这一堆牌中，3 张牌一张也没有出现。您说："目前什么也没有？让我们继续努力！"

把 26 张牌面朝下的牌递给第二位观众，让他再按上面的方式重新发牌，同时告诉三位观众每个人仍然要在牌面朝上的这一堆牌上看牢可能出现的自己的牌。

在这 13 张牌面朝上的牌中，3 张牌还是一张也没有出现。

把 13 张牌面朝下的牌递给第三位观众，让他继续发牌。在这 7 张牌面朝上的新牌中，还是没有出现他们的牌，现在只剩下 6 张牌面朝下的牌了。

轮到您来拿这 6 张牌。以同样的操作：在 3 张牌面朝上的牌中，没有一张是有用的，但是您微笑着把剩下的 3 张牌翻过来："我亲爱的朋友们，你们把你们的牌藏得很好啊，一直藏到现在，但是这就叫做 3 张全中。"面对最后一起公开的这 3 张牌，您的朋友肯定会吃惊得张大了嘴巴。

还有，这 3 张牌中的最上面一张是站在您对面左边的那位观众的，接下来的一张是中间这位观众的，3 张牌中的最后一张是站在您对面右边的那位观众的。

原理

我非常喜欢这个戏法，让我们一起来揭秘吧……

如果您愿意，我们一起从这副牌的底部开始把牌进行编号，把它们放在桌子上：底部这张牌是第 1，顶部的这张牌是第 52。

1. 验证这副牌的结构使得这 3 张挑选的牌的位置是：11，27，43。

2. 在试发牌之后，验证这 3 张牌的位置是：15，31，47。

3. 填充这些图表，它们给出了被抽取掉的牌面朝上的牌的位置，以及被保留下来用作继续发牌的牌面朝下的牌的位置（找出问号对应的数）。

（x＝不在这一堆牌中）

初始位置	52	51	50	49	48	47	…	31	…	15	…	1
牌面朝上这一堆牌中的位置	1	x	2	x	3	x		x		x		x
牌面朝下这一堆牌中的位置	x	1	x	2	x	3		?		?		26

初始位置	26	…	19	…	11	…	3	…	1
牌面朝上这一堆牌中的位置	1		?		?		?		?
牌面朝下这一堆牌中的位置	x		4		?		?		13

初始位置	13	12	…	8	…	4	…	2	1
牌面朝上这一堆牌中的位置	1	x		?		?		x	7
牌面朝下这一堆牌中的位置	x	?		?		?		6	x

初始位置	6	5	4	3	2	1
牌面朝上这一堆牌中的位置	1		2		3	
牌面朝下这一堆牌中的位置	x	?		?		?

☞ 参阅第 246 页的答案。

第十二章 数和纸牌戏法

您已经会画和为 34 的 4×4 魔术正方形，用 1～16 的整数，比如下面这个：

3	5	10	16
12	14	1	7
13	11	8	2
6	4	15	9

您可以验证每一行、每一列、两条大对角线中任一条的 4 个数之和为 34。

下面这些戏法是以这些魔术正方形的原则为基础的。

☆ 魔术戏法 52 ☆

您知道如何在上面这个魔术正方形的基础上制作另一个正方形吗？让这个正方形的和是一个指定的大于 34 的数(比如由观众选择)。

15	17	22	28
24	26	13	19
25	23	20	14
18	16	27	21

要解决上面这个问题，也许要按下面这种方法来做：

——比如 82 这个数，可以看出 82＝34＋48，然后 48＝4×12，您可以在原来这个魔术正方形的每个数上加上 12，这样就可以做出一个和为 82 的正方形。

魔术正方形的和足足增加了 4 × 12 ＝48。

——另一个例子，对 84 这个数来说：可以看出 84＝34 ＋50 并且 50＝4×12＋2，您可以在原来这个魔术正方形的每一行、每一列、每一条大对角线上的 3 个数上加上 12，再在每一行、每一列或者每一条大对角线上的第 4 个数上加上 12＋2＝14。

然后您可以看到，前面这个魔术正方形的 4 个最大的数(25，26，27，28)分布在不同的行和列，在每一条大对角线上只有 1 个大数，因此您可以把这 4 个数都加上 2(这样可以在这 4 个格子里根据原来的数字增加

12＋2＝14)。

这个魔术正方形的和现在可以增加到：

$$34+(3\times12)+(12+2)=34+50=84。$$

——如果把84用一个数n来代替,减去34,除以4,就可以得出一个商q和余数r,比如(n－34)＝4q＋r。我们在12个最小的每个数上加上q;在余下的4个数(原来最大的4个数)上加上(q＋r)。

魔术正方形之和增加到3q＋(q＋r)＝4q＋r,也就是"n"。

现在我们使用一副纸牌,从中抽取4张A,4张J,4张Q,4张K。

(T＝草花,C＝红心,K＝方片,P＝黑桃;R＝K,D＝Q,V＝J,1＝A。)

我们如下把它们排列到一个4×4的魔术正方形里:请观察……

每一行有一张A,J,Q,K。同样,每一列和每一条对角线都有一张A,J,Q,K。

每一行有一张草花,方片,红心,黑桃。同样,每一列和每一条对角线都有一张草花,方片,红心,黑桃。这样排列,魔法不就显现了吗?

我们还会有更多的惊叹呢……

为了理解更加方便,我们把这16个格子如下编号:

1	2	3	4
5	6	7	8
9	10	11	12
13	14	15	16

DT	1K	VC	RP
RC	VP	1T	DK
1P	DC	RK	VT
VK	RT	DP	1C

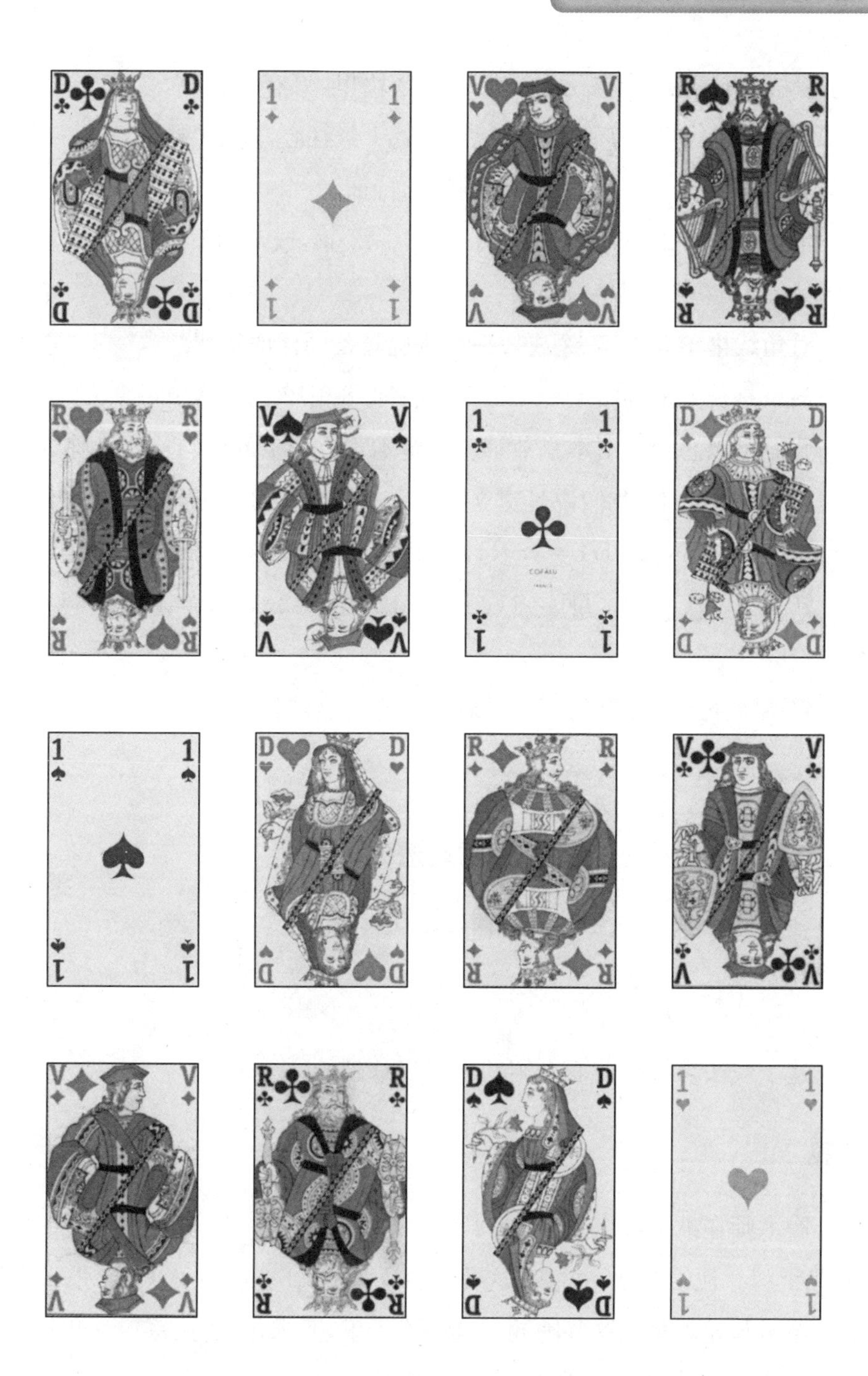
D
R
V
1
COFALU

6-7-10-11 这 4 个格子构成的中央区块里,只有 1 张 A, 1 张 J, 1 张 Q, 1 张 K,而且只有 1 张草花,1 张方片,1 张红心,1 张黑桃。

4 个角(格子 1-4-13-16)具备同样的特征。

带角区块 1-2-5-6,或 3-4-7-8,或 9-10-13-14,或 11-12-15-16 也具备同样的特征。

对角线格子 5-2-15-12 或 3-8-9-14 也具备同样的特征。

甚至是长方形的格子 2-3-14-15 或者 5-8-9-12 也一样……

我们可以总结一下本章节第一个魔术正方形上的数与这些纸牌之间的关系。在数学上,我们说是建立起"一一"对应关系:

1T=1, VT=2, DT=3, RT=4; 1K=5, VK=6, DK=7, RK=8;

1C=9, VC=10, DC=11, RC=12; 1P=13, VP=14, DP=15, RP=16。

这两个正方形相互对应!纸牌也同样有魔法!

魔术戏法 53

纸牌正方形

这个戏法是根据前面介绍的内容为基础的。

效果

魔术师在纸上画出一个 4×4 的正方形,带 16 个格子,这些格子能容 16 张纸牌。他给观众一叠牌,这叠牌由 4 张 A、4 张 J、4 张 Q、4 张 K 组成。魔术师让观众把这些牌放到这些格子里,要求每一行、每一列和每一条对角线上只能包含 1 张草花,1 张方片,1 张红心,1 张黑桃,1 张 A,

1 张 J，1 张 Q，1 张 K。

观众似乎无法在一个合理的时间里达到这个要求。于是魔术师建议观众先放上 4 张牌，草花 A，方片 J，红心 Q，黑桃 K，要么放到一行上，要么放到一条对角线上，要么放到一列上，要么放到 4 个角上，要么放到中央 4 个格子上。然后魔术师来补全这个正方形，达到指定的条件。他怎么做呢？我们来研究一下各种情况。

表演

1. 观众先填补中央区块

1	2	3	4
5	**1T**	**VK**	8
9	**DC**	**RP**	12
13	14	15	16

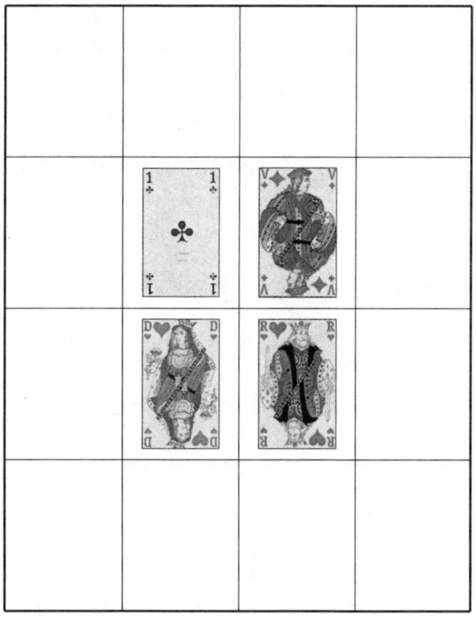

角 1 与草花 A 相连，下面这张牌是一张红心，边上是一张 J：位置 1 要放一张红心 J。至于与方片 J 相连的 4 这个位置，花色就是方片 J 下面这张牌的花色即黑桃，点数就是边上已知这张牌的点数即 1：于是得出位置 4 的牌是黑桃 A。只要考虑在同一行上或同一列上或同一条对角线上不要放两张相同花色或相同点数的牌，我们就可以轻松地把其他的格子补上。

2. 观众先填补 4 个角

1T	2	3	VK
5	6	7	8
9	10	11	12
DC	14	15	RP

格子 10 的花色必须与格子 1 的花色相同,于是应该是草花。在对角线上,已经有 J 和 Q,因此需要放上草花 A 或者草花 K。但是因为草花 A 已经被放掉了,所以只能放草花 K。同样,格子 11 是一张方片,但是因为在对角线,不能放 K 或者 A,也不能放已经有了的方片 J,因此这是一张方片 Q。剩下来的就可以简单地接着放了。

3. 观众先填补中央一列

1	1T	3	4					
5	VK	7	8					
9	DC	11	12					
13	RP	15	16					

格子 1 是一张红心，但是既不可能是一张 J(已在对角线)，也不可能是一张 A(已在行上)，也不可能是一张已放的红心 Q，因此格子 1 上放一张红心 K。格子 13 是一张方片，但是既不可能是一张 K(已在行上)，也不可能是一张 Q(已在对角线)，也不可能是一张已放的方片 J，因此这是一张方片 A。剩下来的接着放就可以了。

4. 观众先填补边上一列

格子 11 是一张草花，但是既不可能是一张 Q(已在行上)，也不可能是一张 K(已在对角线)，也不可能是一张草花 A(已放)，因此这是一张草花 J。格子 7 按同样方法算出：黑桃 Q，以此类推。

1	2	3	1T					
5	6	7	VK					
9	10	11	DC					
13	14	15	RP					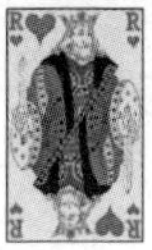

5. 观众先填补一条对角线

格子 10 是一张草花，但是既不可能是一张 J(已在列上)，也不可能是一张 Q(已在行上)，也不可能是一张草花 A，因此这是一张草花 K。然后格子 7 是一张黑桃 A，以此类推。

如果观众先填补某一行的各种情况，可以参照先填补某一列的做法

1T	2	3	4					
5	VK	7	8					
9	10	DC	12					
13	14	15	RP					

来变化。

注意:这个 16 张纸牌的正方形可以用来制作一个和为大于或等于 34 的 n 这个数的魔术正方形。把 n 除以 4,可以得出 $n=4q+r$,整数 r 可能是 0,1,2 或者 3。现在只需用下面的数来代替纸牌上的方格:

$1T=1+q$,$VT=2+q$,$DT=3+q$,$RT=4+q$;$1K=5+q$,$VK=6+q$,$DK=7+q$,$RK=8+q$;

$1C=9+q$,$VC=10+q$,$DC=11+q$,$RC=12+q$;

$1P=13+q+r$,$VP=14+q+r$,$DP=15+q+r$,$RP=16+q+r$。

第十三章 玩转网民

本章有6个戏法,或许在您的电子邮箱里您已经收到过。

现在是揭秘其中机关的时候了,如果您想自己发明一些戏法,您不用再自己琢磨了,或许还能从中得到一些启发呢。

魔术戏法 54

人头牌消失

效果

让人相信电脑也可以猜出一个聊天对象在他的显示屏前挑选的这张牌。

表演

魔术师通过电脑显示屏向您发出这些指令：

——在下面这 6 张人头牌中，请您选择一张牌：

会魔术的电脑让屏幕迅速闪动一下，然后出现的牌只剩下了 5 张，您发现您挑选的这张牌消失了……电脑真的猜中了您的选择吗？

 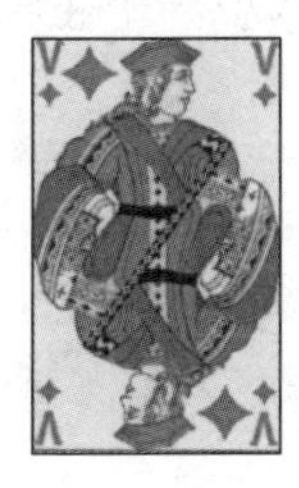   

原理

你们可以 6 个人在首页上挑选一张不同的牌,在只有 5 张牌的第二页上,6 个人中总有一个人找不回自己挑选的这张牌。当然,这台亲爱的电脑什么也没猜。因为在一副牌中有 12 张人头牌(4 张 J, 4 张 Q, 4 张 K),因此既可以向你们显示 12 张不同的人头牌,也可以非常容易地只显示 11 张。在第二次显示的屏幕上,6 张牌中一张也没有出现,而是只显示了 5 张新牌,留下一个空位置让人感觉有一张牌变没了。

☆ 魔术戏法 55 ☆

年龄与巧克力味数学

这个戏法可以推荐给一个馋猫……

(2007 年这个戏法曾在网上流传。)

效果

魔术师计算巧克力棒来猜出一个观众的年龄!

表演

魔术师请一个非常喜欢吃巧克力棒的观众想一下他一个星期要吃多少根。

然后魔术师请他做几个运算:

——把这个数字乘以 2。

——在结果上加上 5。

——再乘以 50。

——加上 1 757,如果这个观众今年已经过了他的生日;如果还没过生日,则加上 1 756。

——减去出生年份的千位数。

然后魔术师宣布这个观众的年龄!

他是怎么算的呢?

原理

假设巧克力棒的数量为 n,根据指令先后得出:

$$2n$$

$$2n+5$$

$$50(2n+5)=100n+250$$

如果生日已经过了,即 $100n+250+1\,757=100n+2\,007$。

如果生日还没过,即 $100n+250+1\,756=100n+2\,006$。

如果在2007年生日已经过了,他的出生年份是(2 007－年龄),我把它记成(2 007－A),A代替年龄,最终结果则变成:

$$100n+2\,007-(2\,007-A)=100n+A$$

如果观众还没有庆祝他的生日,他的出生年份是(2 006－A),最终结果为:

$$100n+2\,006-(2\,006-A)=100n+A$$

在各种情况下,结果都是:$(100n+A)$。

比如我们用 $n=7$,年龄43来看这个数,我们可以得出 $700+43=743$,因此其实n只读取左边的这个数,而年龄则读取右边两个数字。

注意(前面没提到!),这个戏法对等于或大于100岁的人不灵。

比如:假如 $n=7$,年龄为102,我们得出 $700+102=802$,这个人不到2岁,而且n也不能是8。

我们可以为明年或以后的年份改编这个戏法,这与原始邮件里说的刚好相反。

比如:到2008年,只须改变一下指令,把“如果你已经过了生日,请加上1 757”这句话改成“如果你已经过了生日,请加上1 758”,把“如果你还没过生日,请加上1 756”这句话改成“如果你还没过生日,请加上1 757”。这样连续变化总能得到 $(100n+A)$ 这个公式。

魔术戏法 56

马里尼亚诺战役

效果

让观众做几个计算，然后算出观众的出生日期。

表演

电脑魔术师在屏幕上跟一个年轻的观众说：

——我在 1950 年 8 月 22 日出生。这个月的第几天是 22 号，月份是 8，出生年份的后两个数字构成的数是 50。

你愿意现在跟我玩一会儿吗？为了计算方便，你得拿一个计算器出来……

——将你的出生日期中第几天这个数乘以 20。

——加上 3。

——结果再乘以 5。

——加上出生月份。

——把结果乘以 20。

——加上 3。

——结果乘以 5。

——加上出生年份的后两个数字构成的数。

——减去 1 515(马里尼亚诺战役的年份)。

——你看到屏幕上显示的是什么？

——你的出生日期(日/月/年)！

您能够解释这个戏法为什么会成功吗？假设第几天这个数为 x，月份为 y，出生年份后两个数字构成的数为 z。

☞ 参阅第 247 页的答案。

☆ 魔术戏法 57 ☆

日 期 揭 秘

效果

电脑魔术师让观众做几个计算，然后算出他的出生日和月份。

表演

电脑魔术师请观众计算：

——把出生月份乘以 31；

——把出生日乘以 12(第几天的这个数)；

——把这两个数相加；

——算出结果。

电脑魔术师随后在屏幕上显示出生日和月份。

原理

各种可能的计算结果(31M＋12Q，M 为月份，Q 为第几天)参见后附的表格。

我们可以验证这些结果都是不同的，因此手里藏着这张表格的人能够找出 Q 和 M 的数值，或者是存储了这些数值的电脑能够结合行和列的编号，这个编号对应着按要求得出的总数。

数学爱好者园地

我们能够不用电脑只用心算来表演这个戏法吗?

	1	2	3	4	5	6	7	8	9	10	11	12
1	43	74	105	136	167	198	229	260	291	322	353	384
2	55	86	117	148	179	210	241	272	303	334	365	396
3	67	98	129	160	191	222	253	284	315	346	377	408
4	79	110	141	172	203	234	265	296	327	358	389	420
5	91	122	153	184	215	246	277	308	339	370	401	432
6	103	134	165	196	227	258	289	320	351	382	413	444
7	115	146	177	208	239	270	301	332	363	394	425	456
8	127	158	189	220	251	282	313	344	375	406	437	468
9	139	170	201	232	263	294	325	356	387	418	449	480
10	151	182	213	244	275	306	337	368	399	430	461	492
11	163	194	225	256	287	318	349	380	411	442	473	504
12	175	206	237	268	299	330	361	392	423	454	485	516
13	187	218	249	280	311	342	373	404	435	466	497	528
14	199	230	261	292	323	354	385	416	447	478	509	540
15	211	242	273	304	335	366	397	428	459	490	521	552
16	223	254	285	316	347	378	409	440	471	502	533	564
17	235	266	297	328	359	390	421	452	483	514	545	576
18	247	278	309	340	371	402	433	464	495	526	557	588
19	259	290	321	352	383	414	445	476	507	538	569	600
20	271	302	333	364	395	426	457	488	519	550	581	612
21	283	314	345	376	407	438	469	500	531	562	593	624
22	295	326	357	388	419	450	481	512	543	574	605	636
23	307	338	369	400	431	462	493	524	555	586	617	648

续表

	1	2	3	4	5	6	7	8	9	10	11	12
24	319	350	381	412	443	474	505	536	567	598	629	660
25	331	262	393	424	455	486	517	548	579	610	641	672
26	343	374	405	436	467	498	529	560	591	622	653	684
27	355	386	417	448	479	510	541	572	603	634	665	696
28	367	398	429	460	491	522	553	584	615	646	677	708
29	379	410	441	472	503	534	565	596	627	658	689	720
30	391	422	453	484	515	546	577	608	639	670	701	732
31	403	434	465	496	527	558	589	620	651	682	713	744

☞ 参阅第 248 页的答案。

魔术戏法 58

虚拟阅读器

效果

电脑魔术师能够读出网页访问者的想法。

表演

网页请访问者在 1 和 99 之间(比如:57)挑选一个整数,然后减去这个数的两个数字之和[比如:57－(5＋7)＝45]。

屏幕上显示出一张带 100 个符号的表格,0～99 的每个数对应一个符号。访问者按要求把注意力集中到对应于其结果的符号上(比如:45对应的符号是€),以便电脑能够读出他的想法。然后,访问者按要求在屏幕的一个方格上点击一下,方格上立刻会显示他选择的相应的符号。电脑没猜错!

人们可以想玩多少次就玩多少次。这些符号会根据在这些相连的位置上提供的数产生变化,因此选择的符号也会在这些位置上产生变化,这样可以防止访问者很快猜出其中的窍门。

数学班的同学们,这个戏法的原理到底是什么呢?

当我们把一个整数减去它的两个数字相加之和,我们总是能够得到一个9的倍数。在这张表格中,所有9的倍数,从0直到81,都有一个相同的符号,而且正是这个符号可以复制到屏幕正方形中的每一个位置。这张表格的排列是有窍门的,魔术符号占着左上方0的这个位置,还占着从右上角的9这个位置到左下方的81这个位置的对角线上的9个位置,而且眼睛是看不出来的。

0:€	1	2	3	4	5	6	7	8	9:€
10	11	12	13	14	15	16	17	18:€	19
20	21	22	23	24	25	26	27:€	28	29
30	31	32	33	34	35	36:€	37	38	39
40	41	42	43	44	45:€	46	47	48	49
50	51	52	53	54:€	55	56	57	58	59
60	61	62	63:€	64	65	66	67	68	69
70	71	72:€	73	74	75	76	77	78	79
80	81:€	82	83	84	85	86	87	88	89
90	91	92	93	94	95	96	97	98	99

无用的符号没有写在上面的90个格子中(不同于网上屏幕显示的表

格)，相减后的结果不可能会点到所有这 90 个格子。要注意，90 和 99 尽管也是 9 的倍数，但是也不可能会被点到，因为 81 是相减后的最大的差；因此电脑能够在这 10 个格子中给出不同的符号。

魔术戏法 59

挑 战 魔 碟

效果

当您在餐厅等待的时候，玩点餐具来消磨一下时间吧，比如用一个碟子，一张纸，一支铅笔做几个数学魔术……

如果在翻过来的一个碟子的边沿上有一个点 A，如何找出直径上另一端的这个点呢？

讨论主题：

不可能使用碟子的中心……

没有可以画出直线的物品，比如一把尺子……

只凭一个碟子来解决……

难度指数：

挑战会成功，可以凭借不同的摆放位置，在碟子的边线上画数个圆圈……

现实意义？

谁接受挑战，谁就先上一份开胃酒！

表演

这里有取得成功的几个阶段，从在碟子边线上选择 A 点开始，直到在直径另一端上的这个点 A′确立……

我们把 A 摆在下列的位置：

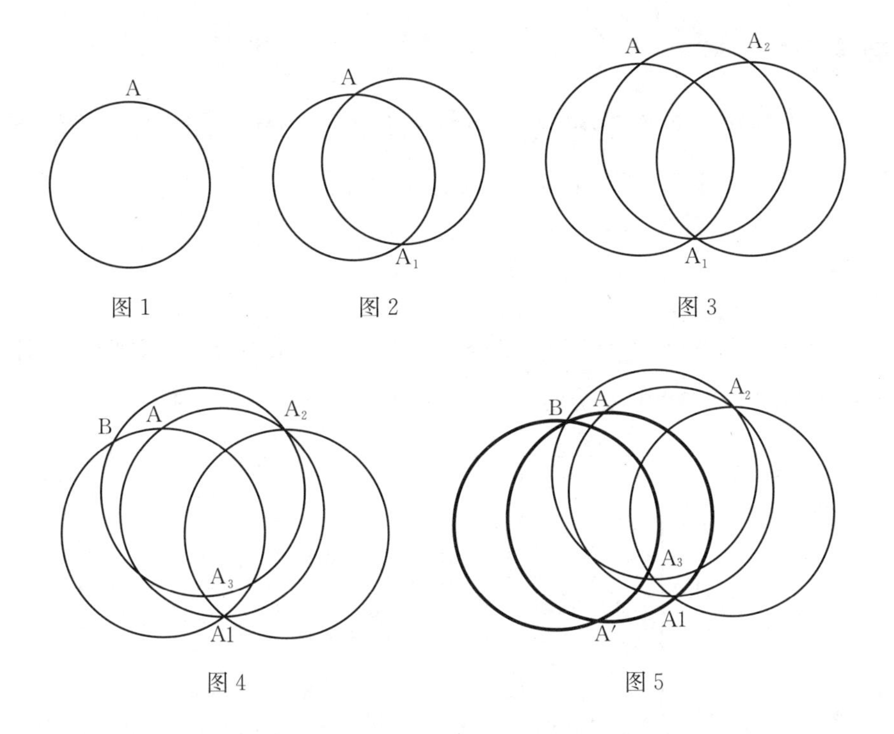

图 1　　图 2　　图 3

图 4　　图 5

A′这个点就是要找的！

数学爱好者园地

您能证明这种确立的合理性吗（这将对学习矢径非常有帮助）？

☞ 参阅第 249 页的答案。

魔术戏法 60

全景数学

效果

魔术师在整个戏法表演过程中把眼睛用布条蒙住，观众从一张 36 个数的表格中挑选 6 个数，魔术师算出这 6 个数的和。

表演

魔术师使用一副塔罗牌。他事先把牌做好。把 36 张牌摆成方形，牌面朝下，用以下的点数和方法：

1	2	3	4	5	6
2	3	4	5	6	7
3	4	5	6	7	8
4	5	6	7	8	9
5	6	7	8	9	1
15	16	17	18	19	2

前面 4 行使用红心、黑桃、草花、方片的牌，同时要记住点数，花色倒不重要。最后两行使用塔罗牌中的 10 张王牌；您会注意到，这副牌中的 4 张 5 和 4 张 6 已经被用在前面 4 行里面。观众出场。

魔术师转过身，请观众悄悄地把 6 张牌翻成牌面朝上，每行只能翻一张。

魔术师请观众告诉他在第1列(左边这列)有几张牌被翻过来,然后是第2列有几张牌被翻过来,以此类推。直到第6列(在右边这列)。

于是魔术师报出观众翻过的这6张牌显示的点数之和。他是怎么做的呢?不要急着看书后的答案。

☞ 参阅第250页的答案。

第十四章 节日里的数学

您知道有个地方叫数学游戏与文化沙龙吗？这个沙龙位于巴黎的圣·苏尔比斯广场，自2000年开始，活动时间为5月份的最后一个星期或6月份的第一个星期的星期四到星期天。我可以肯定地告诉您，在那里所有的内容都非常有创意而且非常有趣，在那里人们可以度过游戏丰富又大长见识的许多欢乐时光！另外，门票免费！

当我在2002年的沙龙上碰到魔术大师夏尔·巴比耶的时候，他已经90岁了，但是依然精神抖擞。我们一见如故，而且当他得知我的母亲在2002年即将迎来88岁生日时，他为我的母亲做了下面这个魔术三角形：

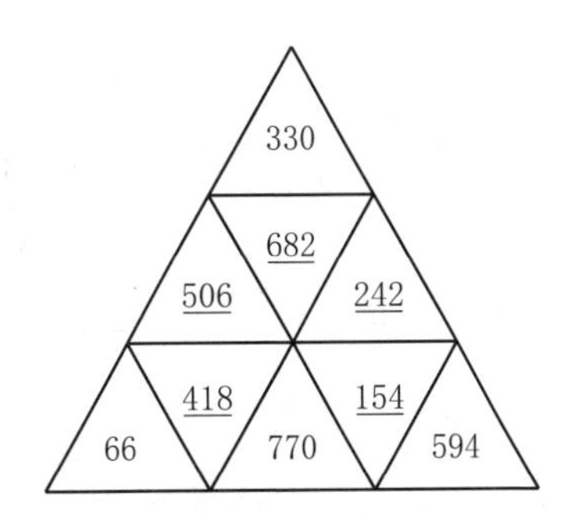

在这个三角形中，这些数都是差为88的连数，从66开始直到770，大三角形三个

边的任何一个边上的5个数之和是2 002:

$$
\begin{aligned}
2\,002 &= 66+418+506+682+330 \\
&= 66+418+770+154+594 \\
&= 330+682+242+154+594
\end{aligned}
$$

此外,在大三角形中间形成环状并且画线的5个数字可以得出同样的和:

$$418+506+682+242+154=2\,002$$

我因此受到启发,在2006年举办的第7届沙龙上,向那些不怯数字、勇于探索的参加者发出了这个小小的挑战……

魔术戏法 61

魔术三角形

轮到您来玩，做出下面的效果！

用整数做出一个魔术三角形。

差为 7 的连数；

3 个边上的几个数之和为 2 006

(a+c+b+f+e, a+c+d+h+i, e+f+g+h+i)；

以及圆环上画线的 5 个数之和为 2 006

(f+b+c+d+h)。

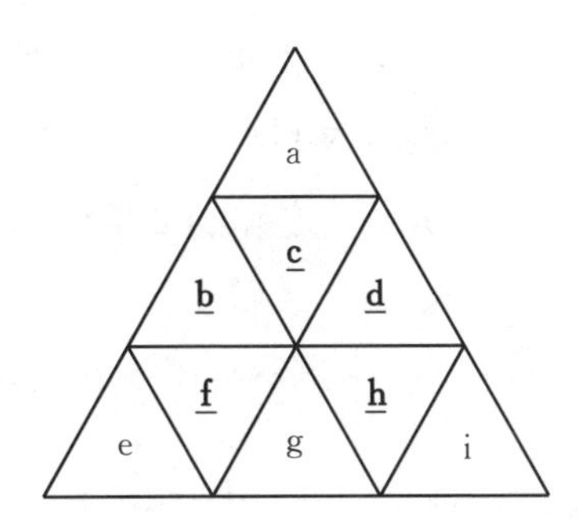

私下准备

前面这个挑战的答案在后面会告诉您，现在我先带着您来学习一下这些著名的三角形，或许这对您还是有用的。

我们不妨先从考虑这样一个魔术三角形开始:这些数是差为1的连数,从1开始,因此它们是1～9。

我们用下面这个三角形上摆放的字母来代替这9个数。

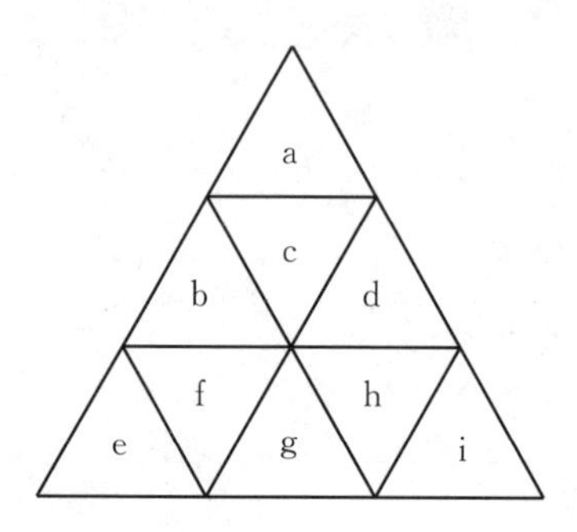

沿着这个三角形转动,我们可以得出3个和"S"。用上述字母我们可以得出:

$$S=e+f+b+c+a,\ S=a+c+d+h+i,$$
$$S=e+f+g+h+i;$$

把这3个相同的数相加:

$3S=2a+2c+2e+2f+2h+2i+b+d+g$,即并非是和$(a+b+c+d+e+f+g+h+i)$的2倍,因为$(b+d+g)$只有一次。

这样3S就等于1～9这9个数之和的2倍(即$2\times45=90$)减去$(b+d+g)$之和。

除以3之后,我们得出这个魔术三角形之和S等于:

$$S=30-(b+d+g)/3$$

因为b、d、g是3个不同的数,所以它们的最小值是$1+2+3=6$,它们的最大值是$7+8+9=24$。我们可以得出一个魔术三角形的最小的和为:$30-8=22$,最大的和为:$30-2=28$。

我现在让您尝试做几个三角形,它们的和从22～28这些整数中挑选……别忘了圆环上的数字同样可以得出这个和。您将验证出用 1～9 这 9 个数只可能得出的和是：22，24，25，26，28。

和 22　　和 24　　和 25　　和 26　　和 28

现在可以来看第 7 届沙龙上的挑战的答案了。

如何用差为 7 的连数来做一个和为 2 006 的三角形呢？

假设 a 为要用到的 9 个数中的最小数。

借用和为 22＝1＋2＋4＋6＋9、从 1 开始差为 1 的连数构成的这个三角形，我们可以设想一个从 a 开始连续加上 7 的这些数构成的一个三角形，其和为：

$$
\begin{aligned}
&a+(a+7)+(a+3\times7)+(a+5\times7)+(a+8\times7)\\
&=5a+17\times7=5a+119
\end{aligned}
$$

我们得出 $5a+119=2\,006$，然后 $5a=1\,887$，这个公式不可能得出 a 是一个整数(5 的一个倍数的末位应该是 5 或者 0，不可能末位是 7)。

借用和为 24＝1＋4＋5＋6＋8 从 1 开始差为 1 的连数构成的这个三角形，我们可以设想一个和为：$a+(a+3\times7)+(a+4\times7)+(a+5\times7)+(a+7\times7)=5a+19\times7=5a+133$，$5a+133$ 应该等于 2 006，我们得出 $5a=1\,873$，这个公式还是无法解决 a 为整数。

我们可以继续用和为 25 或者 26 的这些模型，还是失败：

——一个得出 $5a=2\,006-7\times20=2\,006-140=1\,866$；

——另一个得出 $5a=2\,006-7\times21=2\,006-147=1\,859$。

这两个结果都不是 5 的倍数，因此无法得出整数 a。

相反,在和为 28 的这个模型上,我们可以把结果除以 5 后除尽,2 006－23×7＝2 006－161＝1 845,a＝369。

给出的答案建立在和为 28 的这个模型上,因此三角形上最小的数为 369。在和为 28 的这个三角形上从 1～9 的这些数可以用从 369 开始差为 7 的连数来代替。

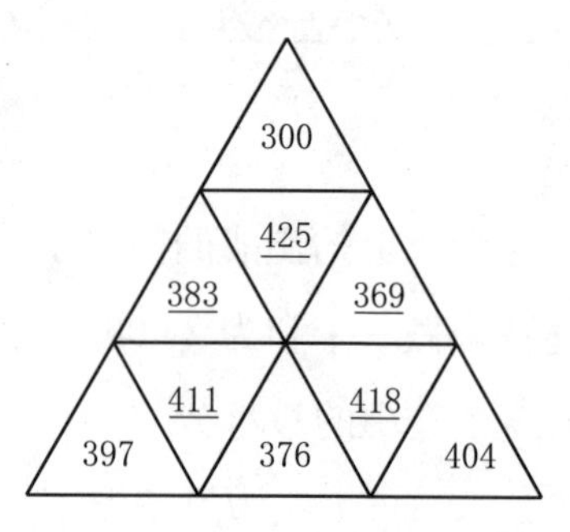

魔术戏法 62

继 续 探 索

轮到您来玩!

这里有两个问题供那些想继续探索的人思考:

要作出下面的效果应该如何私下做准备……

根据已作的用 1～9 这些数的三角形,可以让 2003 年过 90 岁生日的人开心吗?也就是说您能够作出一个和为 2 003 差为 90 的连数构成的魔术三角形吗?

如果对方是 2004 年过 91 岁生日的人呢?

☞ 参阅第 251 页的答案。

第十五章
关键的数学公式

数学，有什么用呢？有时候，它可以简化生活，而且凭借一个数学公式，它还可以帮助人们在关于各种数的同类问题上快速地找到解决方法……

☆ 魔术戏法 63 ☆

最后一张牌

效果

魔术师预言某张牌,这张牌将总是这组牌的最后一张。

表演

魔术师出场,出示一副 52 张的牌,观众可以随便拿掉一些牌。然后魔术师耐心地一张一张地看一下这些牌。他写下一个预言:在纸上写下某张牌的名字。请观众拿起这组牌,把上面这张牌扔到桌子上,把接下来这张牌移到这组牌的底部,然后再把上面这张牌扔到桌子上,再把接下来的这一张移到这组牌的底部,以此类推。直到观众手里只剩下一张牌。预言公布,最后一张牌翻过来:正是这一张,简直是奇迹!这个戏法可以重新开始,不管用多少张牌,魔术师总是能够事先知道剩下来的最后一张牌是什么牌。

原理

好在有科学方法和数学知识可以帮助我们理解魔术师的技巧。不过,我知道您已经急着想学了。

假设您最初这组牌的数量为 x。我们把从 1(顶部的牌)到 x(底部的牌)的牌进行编号。毫无悬念!接下来我们马上就可以解释魔术数学结果了:在“二去一”之后最终剩下来的这张牌的编号可以根据 $2(x-2^n)$这个公式得出,在这个公式里,2^n 指 2 的最大乘方而且这个乘方必须小于 x。

魔术师必须在戏法一开始的时候装作看牌的样子悄悄地数一下牌的数量,用心算出将会是最后一张的这张牌的编号,然后写下该位置上的牌名作为预言。

比如,在一组23张的牌中,小于23的2的最大乘方数是16,将会是最后一张的这张牌的编号是:

$$2(23-16)=2\times 7=14$$

在一组32张的牌中,小于32的2的最大乘方数还是16,将会是最后一张的这张牌的编号是:

$$2(32-16)=2\times 16=32$$

也就是说,就是这组牌的最后一张。

➤这个公式是怎么得出来的呢?

要解释这个,相当麻烦……我建议您耐心地看看这个。

第一步,我们请您验证一下这个公式,用于数量为2~13张的几组牌:比如您使用黑桃,把它们从1(顶部的牌)直到您选择的牌数(底部的牌)进行排列……有可能到J(11),Q(12),K(13)。用前面的操作方法,您会验证出剩下来的这张牌的号码:它应该与 $2(x-2^n)$ 这个公式相符。

第二步,您可以拿出纸和笔,画一个圆圈,圆圈上的位置与牌的数量相同,然后标出牌从顶部移向底部的动态。按照顺时针方向写上这些号码,从扔到桌子上的1这张牌开始,把1划掉。把2留下来,把2这张牌移到这副牌的底部,然后再开始这个圆圈上的下一个数。

3被划掉,4被留下来,如此继续:还没被划掉的两张牌中的一张被留下来或者被划掉,直到只剩下一个没被划掉的号码。

按照这种方法您能够算出这个公式给您得出的结果而无需纸牌。您也就能够快速地明白为什么挑选的这张牌的号码总是偶数,为什么在这个公式中有“2”这个因子。

第三步,我们建议您研究一下纸牌的数量刚好是2的乘方数的几种情况。在操作(见32张牌的例子)之后,将永远是最后一张牌(这组牌顶部的牌)被选中。在第一阶段结束时,每张牌只被动过一次,要么被扔到桌子上,要么被移到底部,只剩下偶数号码的牌,而且它们的数量是总牌数除以2,因此还是一个2的乘方。最后一个号码(偶数)被留下来。第二阶段从去掉2这张牌开始,留下4,以此类推。在第二阶段结束的时候,剩下来的是4的倍数,依然是一个2的乘方数。正如这组纸牌的数量除以4,最后一个号码被留下来。第三阶段,如果有第三阶段的话,从去掉4这张牌开始,留下8及它的倍数,以此类推。在最后,剩下的一个号码是2的乘方,而且尽可能是最大的乘方,因此在此是这组牌本身的数量。请注意这个公式因此得出:

$$2(x-2^n)=2(2^{n+1}-2^n)=2(2^n)(2-1)=2(2^n)=2^{n+1}=x$$

第四步,我们可以考虑牌的数量等于1加上一个2的乘方。在第一阶段的去牌中,只剩下偶数的牌,但是最后一个号码(奇数的)的去牌使得我们将把2号留到第二阶段开始的时候,同样还有2的倍数。留下来的号码的数量是一个2的乘方。正如第一张被留下来,最后一张被去掉,在接下来的阶段中,2继续被保留,以此类推。最终我们留下2。

公式得出:

$$2(x-2^n)=2(1+2^n-2^n)=2\times1=2$$

第五步,我们可以考虑牌的数量等于2加上一个2的乘方;在第六步,牌的数量等于p加上2^n,$p<2^n$:当我们把第p张牌去掉,然后把接下来的这张移到底部,现在在底部这张牌的原来号码是2p。正如这组牌包含了一个等于2的乘方的牌数,底部的这张牌将是最后留下来的这张。号码为2p的这张牌是选中的牌,也就是号码为$2(x-2^n)$的这张牌。

这里有一个我非常喜欢的戏法,它以一种非常奇妙的表演使用了这种属性。这是理查德·沃尔梅(Richard·Vollmer)的一个作品,他是世界级的纸牌专家,也是精彩的9卷本自动纸牌戏法文集的作者(书名叫Magix,斯特拉斯堡的舞台出版社出版)。这个戏法是此书的开篇之作。

魔术戏法64

字母揭秘

效果

您的朋友先挑选一张纸牌,在数次去牌操作之后,这张牌总是剩下来的最后一张。

表演

请您的朋友选择一张牌,记住牌名,将它牌面朝下放在桌子上。您转过身。请他在这张牌上放上其他牌(牌面朝下),其他牌的数量根据他这张牌的名字拼写字母确定:一个字母一张牌。

比如:方片 2(d-e-u-x-d-e-c-a-r-r-e-a-u)需要放 12 张牌,黑桃 K(r-o-i-d-e-p-i-q-u-e)需要放 10 张牌。别忘了把“de”这两个字母计算在内。

叫您的朋友根据他的牌是“红”(rouge)牌还是黑(noire)牌的拼写字母所对应的牌数把牌一张一张地从顶部移到底部。然后根据是“大”(haute)牌还是“小”(basse)牌继续如前操作。最后拼写“点数”(points)牌或者“人头”(figure)牌。

您转过身来。现在请您的朋友把牌拿起来,牌面朝下,把第 1 张牌扔掉,把接下来的一张移到底部,再把顶部的那张牌扔掉,把接下来的这张牌移到底部,以此类推。最后只剩下一张牌。

请他说出他挑选的牌,然后把最后这张牌翻过来:两张牌相同!

原理

➤解释(需要先了解前面的这个戏法)

红心(coeur)和黑桃(pique)是 5 个字母,草花(trèfle)6 个字母,方片(carreau)7 个字母。

A(as)是 2 个字母。6(six),10(dix),K(roi)是 3 个字母。2(deux),5(cinq),7(sept),8(huit),9(neuf),Q(dame)是 4 个字母。3(trois),J(valet)是 5 个字母。4(quatre)是 6 个字母。拼写至少构成 9 个字母(比如 as de coeur——红心 A 或者 as de pique——方片 A),最多 15 个字母(quatre de carreau——方片 4)。考虑到选择的这张牌在这堆牌的底部的话,我们可以得出这堆牌的数量应该是在 10～16 张之间。

拼写红牌或者黑牌,大牌或者小牌,点数牌或者人头牌,会把牌移动 5＋5＋6＝16 格。底部这张牌(被选中的牌)因此移动(上升)。

无论在什么情况下,挑选的这张牌都在最终剩下来的这张牌的位置上。漂亮吧?

轮到您来玩!

练习 1:设想这一次挑选的是这堆牌的第 1 张(顶部这张),把它移到底部,然后把接下来这张扔到桌子上。再开始把顶部这张移到底部,把接下来这张扔到桌子上……直到手里只剩下最后一张牌。要算出最后一张剩下来的牌的号码(从最初这组牌的顶部算起)的新公式会是什么样的呢?

练习 2:从一副 52 张的牌中抽取一组牌,根据这组牌如练习 1 中那样去牌,最后剩下来的是第 19 张牌。这组牌原来可能有多少张牌呢?

☞ 参阅第 253 页的答案。

第十六章 创意和创新

要想让感觉越来越麻木而要求越来越高的观众提起兴趣，必须要让他们有意外的惊喜！

除了精心组织的一切口头介绍和魔术师的演讲才能之外，我们还可以尝试着使用普通纸牌之外的一些道具，或者发明一些不用纸牌的魔术戏法，甚至是一些有助演者参与的戏法，它们会让人耳目一新。

多点信心，创造性很快就会得到发挥。

这里有个戏法，它的表演和所使用的道具让我觉得很有意思。

魔术戏法 65

年历记事本出击

效果

魔术师推荐一个戏法，在这个戏法中，他将在不同的操作步骤后猜出观众指定的某个日期。魔术师将在桌子上扔出一本年历记事本，这个本子证明了他的预言。

表演

魔术师建议观察 8 张硬纸板，它们的一个边标有 1～8 的数，另一个边标有 9～16 的数。把它们叠起来，再分成两堆，一张硬纸板放在一堆，另一张放在另一堆，直到分完。魔术师请观众选择其中一堆，把另一堆放到一边。把选择的这堆重新开始分成两堆，再请观众只留下两堆中的一堆。

这种操作继续到只剩下两张硬纸板构成的一堆。我们来看一下出现在两张硬纸板上的相关数字，把它们加起来得出和：它将是观众指定的日期的月份。然后，魔术师请观众挑选两张硬纸板中的任一张并把它翻过来，把显示的两个数字相加：将得出这个月的第几天。现在，您得到一个完整的日期，比如 9 月 17 日。

魔术师请观众在年历记事本上寻找这个日期的那一页。观众找到这一页，但是没看见有什么写在上面。魔术师似乎很惊讶，问这一天的圣人是谁：是雷诺(Renaud)。于是他建议观众在年历记事本的封皮里找找看有没有什么相关的信息。观众在封皮里发现了一张照片，是从某本杂志上剪下来的,歌星雷诺的照片!

私下准备

下面是这个戏法的必备道具:

——8 张硬纸板(或者普通纸),在第 1 张上一边标上 1,另一边标上 9,第 2 张是 2 和 10,第 3 张是 3 和 11,第 4 张是 4 和 12,第 5 张是 5 和 13,第 6 张是 6 和 14,第 7 张是 7 和 15,第 8 张是 8 和 16;

——当然还要一本年历记事本,以及放在封皮里的一张雷诺的照片。

原理

在出示标有 1~8 的这 8 张硬纸板时,需要把 2 放在 1 的上面,把 3 放在 2 的上面,把 4 放在 3 的上面,这些纸板看完后再出示接下来的这些号码(5, 6, 7, 8),但是要把前面 4 个数的这一组放在后面 4 个数的这一组下面(后面这一组的顺序不用颠倒)。当您分成两堆后,一堆从上到下的数是 2, 4, 7, 5,另一堆则是 1, 3, 8, 6。不管选择哪一堆,我们都把它看成是第一堆。

您再把它们分成 7, 2 的一堆和 5, 4 的一堆。不管选择哪一堆,都会得出一个总数 9(7+2 或者 5+4),即 9 月份。不管是哪张硬纸板翻过来,都可以得出 17 这个和:如果把 7 这一张翻过来,您将看到 15, 15 加 2 等于17。如果把 2 这张翻过来,出现的是 10, 10+7=17。这些纸板事先的设计和排列总是能够得出 9 月 17 日这个日期。

巧妙吧? 但是要小心,必须确保雷诺这个圣人在您的年历记事本中是 9 月 17 日这一天,因为有时候庆祝圣人的日子会根据年份产生变化。

☆ 魔术戏法 66 ☆

午 夜 揭 秘

效果

午夜被称为“犯罪的时刻”，也许还是魔术师揭秘的时刻……根据一天里每个钟点的报钟声，魔术师算出某张牌。

表演

用 52 张牌玩了整整一个晚上之后，魔术师把牌递给观众，请他背着魔术师抽取一些纸牌，把它们放到口袋里，抽取的纸牌数量在 1 张到 12 张之间，相当于一天里从 1 点到 12 点的报钟次数。

原理

魔术师请观众继续偷偷地看一下剩下来的这组牌中的某张牌，这张牌的位置对应于他抽取的牌的数量，从上往下数（如果他取了 5 张牌，那么他看一下这组牌的第 5 张）。

魔术师转过身，把这组牌拿过来。他宣称到了午夜，一天里所有钟点的报钟声都响过一遍了：

——“一点”，一个字母一个字母地拼读这个数，同时把顶部的 3 张牌（u-n-e）移到底部；

——“两点”，把 4 张牌（d-e-u-x）从顶部移到底部。

——“三点”（t-r-o-i-s，5 张牌），以此类推，直到“十一点”（o-n-z-e，4 张牌）；

——最后是“午夜”（不叫十二点，注意！）即 6 张牌（m-i-n-u-i-t）。

魔术师请观众把顶部的这张牌翻过来……

观众会惊喜不已:这正是他选中的那张牌!

要想知道这个戏法的手法,您可别忘了魔术师有时候也会调皮的,尤其是在这午夜来临之际会更加……

不要急着看答案!

☞ 参阅第254页的答案。

☆ 魔术戏法67 ☆

纸牌与月份

效果

魔术师算出一位朋友的出生月份,同时算出这个朋友挑选的一张纸牌。

表演

把12张纸牌牌面朝下发到桌子上。说它们代表一年里的12个月。请观众洗这12张牌,然后把这组牌的最上面一张看成是1月份,接下来的这张是2月份,以此类推直到最后一张(底部这张)代表12月份。观众必须记住与他的出生月份对应位置的这张牌,然后不要改变它们的顺序把它们放好。当观众在洗牌的时候,您已经悄悄地看过剩下来的40张牌的顶部这张和底部这张。

现在请观众把您这组牌分成两叠,请他把他的12张牌放到他切的上半部分的这叠牌上,再把下半部分这叠牌放到上面。您会说观众看过的这张牌已经完全合到这副牌里了,但是其实您知道这张牌在12张牌这个部分里,它们像三明治夹心一样位于已经做过记号的两叠牌中间。

您转过身去，请观众继续操作。请他找出他的牌在这副牌中的位置(不能移动)，然后切牌，让这张牌位于整副牌的底部，最后把这副牌放到桌子上，您转过身来，但是您看不见这张牌。

从这副牌的顶部开始抽取第1张牌，然后是第2张牌，如此连续拿牌，直到抽取满12张牌(还是参照一年里的12个月)。

请观众把剩下来的牌放到这12张牌上面，把原来底部的这张牌隐藏起来，然后切牌，把切下来的牌放到下面。观众甚至可以再切一次牌。您说他的牌应该再次隐藏得很好了。

把这副牌牌面朝上拿起来，找出您的两张关键牌，悄悄地数一下这两张牌之间的牌数：我们称之为“n”。它应该是个奇数。找出位于这两张关键牌中间的这张牌，把您的食指放在牌后面，把整副牌牌面朝下放到桌子上，摊开一点，以便您的食指足以岔开这张牌，让您能够看到它的位置(不要岔得太开，以免观众发现)。

现在您说您在考虑他的出生月份了：数出(n+1)的半数，这就是要找的月份，然后宣布结果。比如是9张牌的话，中间这张牌是第5张[(9+1)÷2=5]，要找的月份就是5月。

把手指随意地放到牌面朝下摊开在桌子上的这堆牌，移开几张，别忘了要预言的这张牌的位置，然后问您的朋友他挑的是张什么牌，再把这张牌翻过来。

原理

假设x为出生月份的号码(1～12)。假设R1和R2是两张做了记号的牌。三明治夹心牌从高(左边)到低(右边)可以这样来表示：

R1	12张牌中的(x−1)张	挑选的这张牌	12张牌中的(12−x)张	R2

切牌之后，观众挑选的这张牌位于底部时，我们得出：

12 张牌中的(12－x)张	R2	一些牌	R1	12 张牌中的(x－1)张	挑选的这张牌

当上面的 12 张牌被倒过来,然后剩下的牌放到它们上面时:

一些牌	R1	12 张牌中的(x－1)张	挑选的这张牌	任意牌中的(x－1)张	R2	12 张牌中的(12－x)张

您可以观察到观众挑选的这张牌总是位于 R1 和 R2 框定的这些牌之间。此外被框定的这些牌的数量是:

$$(x-1)+1+(x-1)=2x-1$$

如果您在等于(2x－1)的这个数量 n 上加上 1,您会得出结果为 2x,而且如果您拿一半的牌,您会得出 x,这就是月份的号码。解释清楚了吗?

魔术戏法 68

姐妹牌占卜

人们把红心 6 和方片 6,或者黑桃 7 和草花 7 等这些牌称为姐妹牌:它们点数相同,同一颜色(红色或黑色),但是不同花。

私下准备

从一副 52 张的牌中拿掉两张姐妹牌,比如红心 6 和方片 6。把剩下来的 50 张牌分成两组:一组是 13 张黑桃和 12 张红心,另一组是 13 张草花和 12 张方片。把 25 张牌随意选择一种顺序,但是第二组牌的姐妹牌顺序必须跟这一组牌的顺序相同:比如,如果第一组以黑桃 6,红心 7,红心 2,黑桃 10 等开始,第二组则必须以草花 6,方片 7,方片 2,草花 10 等开始。现在把两组牌叠加在一起(不用考虑哪组放在上面),牌面朝下。准备完毕。

效果

在观众和魔术师两组不同的牌里,姐妹牌将会意外地同时出现。

表演

请一位观众切牌,补牌。请他把这些牌一张一张地牌面朝下发成两组,每组一张轮流发牌。记住第一张牌发在哪一组。请观众在两组牌中选择一组。

如果观众选择了第一组,您就拿第二组,牌面朝下,您马上默数出上

面的13张牌,您要从这里切牌并把它们移到底部去。

如果观众选择放了第一张牌的这一组,您拿第一组牌,默数出上面的12张牌,您要从这里切牌并把它们移到底部去。

此时,两组牌应该会在同一顺序下出示这些姐妹牌!怎么会这么自信呢?首先,拿起牌,然后一边思考一边拿起纸和笔……A和B分别代表25张的两组牌。

顶　部
1A
2A
3A
…
25A
1B
2B
…
25B
底　部

第一组牌顶部	第二组牌顶部	从顶部数下来的纸牌编号
24B	25B	1
…	…	…
4B	5B	11
2B	3B	12
25A	1B	13
23A	24A	14
…	…	…
3A	4A	24
1A	2A	25

您可以核对，如果您拿了第二堆牌，同时把上面的13张牌从顶部移到了底部，那么要从24A开始，而第一堆的牌按姐妹顺序则是从24B开始，以此类推。再验证一下，如果您拿了第一堆牌，同时把上面的13张牌从顶部移到了底部，那么要从25A开始，而第二堆的牌按姐妹顺序则是从25B开始，以此类推。

请您自己去验证一下在把牌发成两组之前的切牌不会产生任何影响。

➤如何继续这个戏法？

有很多种既赏心悦目又风格迥异的方式……

面对观众，把您的牌在眼皮底下摊开。

1. 请观众给出一个小于26的数，您马上在您的牌中看一下这张牌位于从上往下的这个位置，然后把他的这张姐妹牌的名字告诉他，同时明确这张牌在他这组牌里处于与这个数相对应的位置上。让他验证您的预言。

2. 请观众把他的牌切一下，把切下来的上面这一小部分牌竖向朝您，这样您可以看见底部这张牌。您在自己的牌里找出这张牌的姐妹牌，数出从上面到这张牌共有多少张，然后告诉这个可怜的观众他切下来的上面这一小叠牌共有多少张。

3. 在初期，不要12张或13张地切自己的这组牌，让它保留原状。请观众说出一个数“n”（小于26）。如果他选择了第一组牌，在他报的数上加上13，告诉他在“n”位置上的他的这张牌与您的在“n＋13”位置上的这张牌是姐妹牌。如果他选择了第二组牌，在他报的数上加上12，告诉他在“n”位置上的他的这张牌与您的在“n＋12”位置上的这张牌是姐妹牌。请他验证这种巧合（可不止一张！）。如果（n＋12）或者（n＋13）超过25，那么减去25。

4. 您可以重复表演戏法1和戏法2，如果这些牌的顺序没有改变。

在做完戏法3之后,您也可以切您的牌(切12张或13张),使得两组牌的位置完全吻合,在牌上敲打一下,同时念一句魔语,宣布现在两组牌的所有姐妹牌的顺序都相同。验证25对姐妹牌的巧遇应该会产生一点效果。

在戏法结束后,别忘了把两张短缺的牌(也是姐妹牌)补回到整副牌中。

第十七章 两副牌的戏法

用两副52张的牌表演也可以制造出新奇的魔术效果。这个道具对您来说不难找吧？下面有两个戏法在等着您来表演。

☆ 魔术戏法 69 ☆

两副牌合洗

效果

观众挑选的牌与魔术师挑选的牌刚好巧合。

表演

魔术师请一位会熟练交叉洗牌的观众参与。魔术师给他出示两副52张的牌，一副牌的背面是红色，另一副的背面为蓝色。他们把牌快速摊开一下，证明两副牌的牌序是随意和凌乱的。然后观众开始交叉洗一次牌，做成104张的一大叠牌。

魔术师请观众分牌，把前面的52张做成一堆，分牌时可以看到两副牌的颜色是混杂的。剩下的52张做成另一堆，同样颜色混杂。观众拿其中的一堆牌，魔术师拿另一堆牌。

魔术师问观众是想抽取一张红色的牌还是蓝色的牌。

魔术师将横放在他左手里的牌用左拇指一张一张地把牌移向右手，牌面朝下，不改变牌的顺序，请观众慢慢地(不要马上就选)选择一张牌，观众把这张牌拿下，不看牌，放到口袋里。魔术师把左手里的牌全部移到右手。

然后，魔术师请观众慢慢地发他自己手里的这组牌，牌面朝下。当观众发到某一张牌时，魔术师请他停止，他们把这张牌翻过来。魔术师请观众从口袋里掏出他选择的这张牌：两张牌一模一样！

要知道这些牌没有被做过手脚，魔术师也不可能根据纸牌背面上的某个记号来看出是什么牌。那么,这个奇迹又是怎么创造的呢?

☞ 参阅第 255 页的答案。

魔术戏法 70

迷你小预言

效果

观众在一副牌中挑选一张牌,魔术师在另一副备用的牌中找出一张上面粘有小胶带纸的牌,两张牌相同。

私下准备

两副 52 张的牌,一副背面红色,一副背面蓝色,从这两副牌中拿出方片 2 和黑桃 Q。背面红色的这副牌牌面朝下放在桌子上,在上面先放上这张黑桃 Q,再放上这张方片 2(它现在成了这组牌最上面的一张,您可以看见它的背面)。

在背面蓝色的这副牌的中间,用同样的顺序放上方片 2 和黑桃 Q,事先在这张 2 的背面左上角处和右下角处分别粘上一条黄色的小胶带纸,在这张 Q 的正面左上角处和右下角处分别粘上一条绿色的小胶带纸。把这副背面蓝色的牌放回到牌盒里,把它放在桌子上。

准备完毕。您可以请观众出场欣赏一个与众不同的戏法了……

表演

拿起背面红色的这副牌,稍微洗一下牌,在最上面保留您那两张关键牌。请观众拿牌,把它们一张一张地发到桌子上,牌面朝下,他甚至可以轮流拿上面和下面的一叠发牌。不管怎么样,您已经成功地让您的两张牌位于他这叠牌的底部,而他还以为这副牌已经被洗得够乱了。

现在让观众把他的这叠牌轮流发牌分成两组,但是这次必须一张一张地发。最后,您的两张牌中每一张都位于一组牌的顶部,最后一张发的牌是方片2。请观众在这两组牌的顶部选择一张牌。您知道他刚刚选择的是哪张牌。

把背面蓝色的这副牌从盒子里拿出来。如果观众挑选的牌是方片2,把这副牌摊开,牌面朝下:只有一张牌在背面上粘了一条小胶带纸,它会是……(把它翻过来时观众会非常惊讶)方片2。如果观众挑选的牌是黑桃Q,把这副牌摊开,牌面朝上,这张黑桃Q是唯一一张在正面上粘了小胶带纸的牌。

注意:牌上粘的小胶带纸是用来方便辨认的,有些人从左到右摊牌,也有些人从右到左摊牌。胶带纸选择这种颜色则是用来在背面或正面上容易辨认(不要在背面蓝色的上面粘蓝色的胶带纸,也不要在方片牌的正面上粘红色的胶带纸……)。

第十八章 在观众眼皮底下做准备

您已经注意到了，许多纸牌戏法是需要事先准备的。

在每一个戏法的表演过程中，我们无法更换纸牌，也不能去道具箱中寻找那副为了达到这样那样的效果而事先准备好的另一副牌。最常见的做法是必须利用前面表演的一个或几个戏法，在观众的眼皮底下准备这副牌。

因此，您必须学会用无需准备的即兴戏法来保证随后要表演的同时需要准备的戏法顺利进行。这些即兴戏法是非常有用的，比如，假设它们使用一定数量的纸牌或者一些特殊的纸牌：那么，借助于它们，您就会有看牌的借口，而且能够把有用的牌收集起来，用于很快就要表演的下一个戏法中。

魔术戏法 71

精彩的戏法串连

效果

通过牌名拼写来算出结果，让至少四位观众的选择巧合，这些戏法前后串连在一起，让观众惊喜不断。

私下准备

这里有一个例子，把需要事先准备的一些戏法串连起来，而观众对表演不会起什么疑心，您甚至可以随心所欲地在他面前做牌。只有第一个

戏法使用在观众出场之前事先做过准备的一副牌，但是，之后的戏法将需要魔术师现场准备。

假设您已经熟悉魔术戏法 23。

您可以把这个戏法进行改编，让黑桃牌在点数递增的顺序下出现，先是 A，然后 2，以此类推直到 K。在这个戏法中，在从一副牌中抽取 13 张排好顺序（做手脚）的黑桃牌之后，可以按照逐个字母（同时把牌一张一张地从顶部移到底部，一个字母一张牌）拼出每一张牌的名字。比如 A，我们把这张顶部的牌（A）移到底部，拿起第二张牌（S），我们说“AS”这个词已经用过了，我们把对应于“S”的这张牌翻过来：是张 A。我们继续把发出 D, E, U, X 的这些牌从顶部移到底部：最后一张翻过来是张黑桃 2，以此类推。同样的程序把 T-R-O-I-S(3) 翻过来，以此类推，直到 R-O-I(K)（每次不用加上“黑桃”这两个字）。

您已经找到这个魔法顺序，在这个顺序里，需要把黑桃牌进行排列，从这叠牌的顶部到底部按照如下顺序：

6-1-8-K-4-2-10-7-Q-15-3-9-J

把红心牌也排列成这种顺序：

6-1-8-K-4-2-10-7-Q-5-3-9-J

您可以再次使用这个原则，于是这个戏法可以被改编成比如用英语来拼读，最后得出：Q-4-1-8-K-2-7-5-10-J-3-6-9，这个顺序同样用于草花。

现在把方片牌排列成下面顺序：

3-J-6-10-1-5-4-Q-8-9-7-K-2

如果一个人手里拿着按照上面顺序排列的红心牌，而且他熟悉每一张牌的位置，他可以请那个手里拿着草花牌的人按顺序拼读拿牌：先是 S-I-X(6)，然后是 A-S(A)，然后是 H-U-I-T(8)，等等，直到 V-A-L-E-T(J)。

您会发现方片牌的排序刚好可以达到这种效果。

现在来看看怎么样来组织和表演戏法串连的第一部分。

把牌牌面朝下叠放，从上到下的顺序按照前面提到的方式：

——首先是黑桃；

——然后是草花，方片，最后是红心。

戏法可以开始了。

表演

您说有些新的纸牌经常被厂家排列得莫名其妙。把您的牌摊开，让大家看到上面是黑色的牌，下面是红色的牌。您说需要把牌洗一下。

把这副牌分成对等两半，用来交叉洗牌(找到中间的牌是容易的：上面一半牌的最后一张是黑色的牌(草花)，下面一半牌的第一张是红色的牌(方片)。

牌洗过后，重新分成差不多对等的两半，用来进行第二次的交叉洗牌。最理想的是在第一次洗牌后上半部分牌只有黑桃和方片，下半部分牌只有红心和草花。但是如果您不是一个交叉洗牌的高手，您可能会把一两张红心牌留在上面比如留在黑桃牌里。因此您得在第一次洗牌后检查一下，可以把牌的前半部分摊开一下，借口看看牌是否洗得很匀了。您得把红心牌洗得乱一点，因为它们叠在前面的牌多了一点，要把它们插到最后一张黑桃之后。因为您可以宣称第二次洗牌可以把四种花色混合得更好，观众们也就不会在您的头上挑虱子。第二次洗牌一结束，您的四种花色应该按照预想的顺序排列好了：交叉洗牌不会改变同一花色中的牌的顺序，它们只会把四种花色打乱。

请 4 位观众来进行比赛。

问第一位观众喜欢什么花色。如果他回答是黑桃，让他按照这组牌的顺序(6-1-8，等等，牌面朝下，6 在顶部)拿黑桃牌，注意不要让他把这些牌的顺序搞乱,也不要把剩下来的牌的顺序搞乱。然后让他拼读 A-S(A),等等,并找出所有这些牌,他们应该牌面朝上放在桌子上形成一堆,A 在底部,最后 K 在顶部。

如果第一位观众不选择黑桃,问第二位观众喜欢剩下来的三种花色中的哪一种,如此连续做下去直到第四位观众选择最后剩下来的这种花色。每个人拿着已按顺序排好的各自花色的牌。然后请那个选择黑桃的观众按如上所述先开始操作。

然后在这四位观众中间,让选择红心和方片的两位观众操作。拿着红心的观众必须把他顶部的牌(这张 6)翻过来,并请拿着方片的观众把他这张牌 S-I-X 拼读出来(把 S 这张牌和 I 这张牌移到方片这组牌的底部,X 这张牌则翻过来,是张 6,把它牌面向上放到桌子上)。红心这组牌上面接下来的这张牌是 A:他们拼读 A-S,并在方片这组牌上找到 A 这张牌,以此类推。用过的这些牌慢慢地在桌子上形成牌面朝上的两堆牌:红心这组牌从底部的 6-1-直到 J,方片这组牌从底部的 6-1-直到 J,这就是说两种花色的牌序是一样的。

拿着草花的第四位观众会被问他手里有没有源自爱尔兰的牌(爱尔兰的国花是草花),总之必须把对话引到英语上来,并让他用英语拼读来找出这些牌,从 O-N-E(A)开始,然后是 T-W-O(2),等等,直到 K-I-N-G(K,不发法语的 roi),中间还有 J-A-C-K(J,不发法语的 valet)和 QUEEN(Q,不发法语的 dame)。这些草花牌最后在桌子上形成一堆,牌面朝上,底部是 A,顶部是 K,跟黑桃牌的顺序一样。

第一部分戏法到此结束,而且第二部分戏法的准备在没有被发觉的情况下差不多也做好了。把红心 6 和方片 6 抽取出来(在它们所处的这堆牌里很容易找到它们)并把它们放到口袋里。设一组牌,牌面朝下叠放,这组牌由 13 张黑桃(放上面)和 12 张红心(放下面)组成,然后用同样的方法做另一组牌,由草花(上面)和方片(下面)组成。

第二部分戏法可以开始表演了(其实是另一个戏法),同样是跟这 4 位观众。

假设您已经熟悉姐妹牌占卜这个戏法(魔术戏法 68)。您知道这个戏法需要一副 50 张的牌,上面 25 张牌的顺序和下面 25 张姐妹牌的顺序一样。加上在第一部分戏法中所做的准备,现在一切都准备完毕。

让您的第一位观众把这副已经被抽掉 2 张的牌轮流发牌分成两堆,一张一张地发。让他选择两堆牌中的一堆。您拿另一堆。请他报一个小于 26 的数。当他在想这个数时,如果他选择了第一堆牌,您切出 13 张牌,如果他选择了第二堆牌,您则切 12 张牌。在您的这堆牌中找出与他报出的数相对应的这张牌,说出他的姐妹牌的名字,并说他的这张牌位于他所报出的数相对应的位置。让他验证您的预言的准确性。注意他的这堆牌要保留原来的顺序。把您的这堆牌恢复原来的顺序。

两副牌放在桌子上。请第二位观众选择其中的一堆,您拿另一堆,如前所述切 12 张或者 13 张牌。请您的第二位观众切一下他的牌,切牌的时候让他把牌竖向朝您,以便您能够看到底部的这张牌。在您的这堆牌中找出这张牌的姐妹牌,把您的这堆牌翻成牌面朝下,数一下从上面到这张牌共有多少张:然后告诉观众他切下来的这堆牌就有这么多张牌。让他验证。

做些准备,让桌子上的这两副牌恢复原先的排列顺序(因此您自己的这堆牌也要恢复原先的顺序)。

让第三位观众选择两堆牌中的一堆。请他报出一个小于 26 的数,告诉他在这个“n”位置上的他的牌和在您的“n+12”位置(如果他拿了第二堆牌)或者“n+13”位置(如果他拿了第一堆牌)上的牌将是姐妹牌(解释一下什么是姐妹牌)。如果 (n+12) 和 (n+13) 大于 25,那么减去 25。

请他验证。

注意要让观众的这副牌恢复原来的顺序,切一下您的这副牌(12 张或 13 张),使它完全与另一副牌巧合。把这两副牌牌面朝下放回桌面。

把第四位观众叫来,请他随便拿一副牌,他选择哪一副牌都不重要,因为这两副牌现在从上到下顺序相同,您和您的观众把各自的这副牌一张一张地同时翻过来,让他们见证这个奇迹吧……

在本书结尾,您可以找到一份戏法编号索引,包括无需准备的即兴纸牌戏法与事先准备的戏法,它可以帮助您合理地安排戏法的串连。

第十九章 寻找不变量

当一个学生尝试根据一条直线来画一幅对称的图时，他知道这条直线（轴线）上的点是它们自身的对称点：在变换中它们是不动的，或者说它们在这种对称中是不变的。如果是根据一个点的对称或者一次旋转的对称，学生知道只有一个点是不变的：即中心点。在几何方面，为了更加容易地察看各种机械在各个点上的转换，人们经常寻找这种转换是否存在不变量，也就是说是否存在一些不变的点。

在魔术方面，如果人们在戏法表演过程中找到不变量，那么大量的戏法也就能够被破解。

☆ 魔术戏法 72 ☆

数 与 纸 牌

效果

四位朋友选择 4 个不同的数,用几堆纸牌来代表这些数。魔术师算出 4 个数的总数。

表演

拿出一副 52 张的牌。跟您的听众解释,不同的数可以用几堆纸牌来表示。比如,43 这个数可以用一堆 4 张牌和一堆 3 张牌来表示。

现在请您的四位朋友在您转过身之后,每人选择一个数,并根据这个数做两堆相应的纸牌:第一位观众在 10～19 之间选择一个数,第二位观

众在20～29之间选择一个数,第三位观众在30～39之间选择一个数,第四位观众在40～49之间选择一个数。

做好之后,您转过身,面对他们,递给他们一张纸和一支铅笔,收起他们用剩下的纸牌,然后您重新转过身去,请他们在这张纸上写下他们的4个数并把这4个数相加。

您悄悄地数一下刚刚收起来的牌有多少张。随后,还是背对他们,您宣布他们这4个数的总数是多少!

原理

我们设想这4个数是1a,2b,3c,4d。它们的总数将是:

$$10+a+20+b+30+c+40+d=100+(a+b+c+d)$$

它们要做成堆的牌用了多少张呢?

$$1+a+2+b+3+c+4+d=10+(a+b+c+d)$$

在这副牌中还剩下多少张牌呢?

$$52-(10+a+b+c+d)=42-(a+b+c+d)$$

要猜的4个数的总数与剩下来的牌的数量是多少呢?

$$100+(a+b+c+d)+42-(a+b+c+d)=142$$

因此不管您的四位朋友选择多少张牌,这个数总是不变!有了这个不变量(142),您就可以表演这个戏法了。

如何得出要预测的总数呢?只需心算一下142减去剩下来的牌的数量即可!

例子:如果您的朋友选择了12,23,34,45这些数,它们的总和是114。他们会用掉24张牌来做成堆,您再数出剩下来的牌是28张,然后心算出142－28＝114,您就成功了!

魔术戏法 73

3 张牌的总数

效果

观众把 3 张牌翻过来，魔术师计算出这 3 张牌的点数之和后，算出观众挑选的这张牌的位置。

私下准备

魔术师准备一副牌，牌面朝下叠放，然后再在上面放上 12 张牌，从上到下的点数如下：2，3，4，4，5，6，6，7，8，8，9，10（用什么花色没关系）。

表演

魔术师带着一副 52 张的牌来到观众面前，在桌面上把这 12 张牌一张一张地发成一堆，然后把剩下来的牌交给观众。现在观众必须抽取一大叠牌，在 20～29 张之间，要在魔术师转过身后默数一下。然后观众要看一下某张牌，这张牌位于与他的牌数的两位数字相加之和所对应的位置，从底部往上数。比如，如果是 24 张牌，他要看一下从底部往上数的第 6 张牌，因为 2＋4＝6。把剩下来的牌放到底部，以防魔术师看出他选择了多少张牌。

观众并不知道他在这种方法下所看的牌是从上往下数的第 19 张，也不知道 19 这个数是不变的，无论选择了多少张牌：比如，倘若选择了 25 张，从下往上数的第 7 张牌还是位于从上往下数的第 19 张牌，倘若选择了26张牌,从下往上数的第8张牌依然是位于从上往下数的第19张牌,以此类推。**这是这个戏法的第一个不变量。**

魔术师回过身来面对观众,把这12张牌发成"a、b、c"三堆,一张一张地从左往右发,一张在a这堆上,一张在b这堆上,一张在c这堆上,再一张在a这堆上,以此类推。魔术师请观众随便选择三堆牌中的一堆,然后把上面的这张牌移到底部。然后观众选择另外一堆牌,把上面的两张牌同时移到底部,再把最后一堆牌上的3张牌同时移到底部。

魔术师请观众把三堆牌中的每一堆上的顶部这张牌翻过来,把它们相加得出总数(他会算出21,不过魔术师先不就此发表评论)。然后魔术师请观众选择其中的一堆牌,把这堆牌的底部这张牌拿来代替顶部这张已经翻过来的牌。观众必须重新计算这3张翻过来的牌的总数(他会算出19,不过魔术师还是不就此发表评论)。

于是魔术师开始发牌,发与观众算出的总数(19)相对应的牌数,并把第19张牌翻过来:这张牌正是观众看过的那一张。

➤解释总数19不变的特点

这里有三堆牌,然后是往底部移牌之后我们所看到的结果,例如:

这堆牌的顶部

4	3	2
6	5	4
8	7	6
10	9	8

底部

6	7	8
8	9	2
10	3	4
4	5	6

6+7+8总等于21。如果我们其中一堆或另一堆的顶部的牌和底部的牌进行交换,我们得出:6+5+8=19或者4+7+8=19,或者6+7+

6＝19。总是等于19。

其实，前面三堆牌的总数是4＋3＋2＝9。因为在每一堆牌中，这些数都是差为2的连数，把一张牌从顶部移到底部就是把点数增加了2，移动两张牌就是把点数增加了2×2＝4，移动3张牌则增加了3×2＝6。总的算起来，我们增加了2＋4＋6＝12，于是总数变成9＋12＝21。

如果我们随意把一堆牌中的顶部这张牌和底部这张牌进行交换，就等于减去了2个点数：刚好是这两张牌之间的差，无论是在哪一堆上。总数则从21变成了19。这是这个戏法的第二个不变量。

魔术戏法74

13 位观众

思考与私下准备

魔术师假装洗牌，其实是要把牌维持在原来的顺序。如果您不是一个熟练的操作者，这里倒有几个与数学有关的策略可能会让您感兴趣。

我们首先来看一下一组8张的牌，为了更好地观察这些牌的变化，我们选择同一花色的牌，比如黑桃1，2，3，4，5，6，7，8，从上到下，点数递增。

把顶部的黑桃1放到桌子上。把黑桃2移到手里这组牌的底部。再把现在在顶部的黑桃3放到黑桃1的上面。把接下来的黑桃4移到手里这组牌的底部，如此继续直到手里的牌全部发光，这8张牌在桌子上形成一叠。您刚刚做的就是所谓的一次“洗牌”。

连续“洗牌”后，我们可以重新得到这些牌原来的顺序。

下面这张表格可以表示这个过程。

初始顺序	1	2	3	4	5	6	7	8
第一次洗牌后	8	4	6	2	7	5	3	1
第二次洗牌后	1	2	5	4	3	7	6	8
第三次洗牌后	8	4	7	2	6	3	5	1
第四次洗牌后	1	2	3	4	5	6	7	8

在 4 次洗牌之后,这副牌回到原来的顺序。

我们可以观察一下每张牌的变化:

——1 和 8 这两张牌互换位置,我们说它们是 2 次一个循环(1, 8);

——2 和 4 这两张牌互换位置,我们说它们也是 2 次一个循环(2, 4);

——3 在 4 次一个循环(3, 6, 5, 7)后恢复原位,6, 5, 7 这三张牌同样。

我们的直觉可以告诉我们,在 2, 2, 4 这些数字的最小公倍数与要让这副牌回到初始状态必须洗 4 次牌之间存在某种关系。

因此我们可以设想一个戏法,在两次洗牌之后,观众或许会挑选第 1 张牌(或者第 8 张):魔术师如果记住了这张牌在洗牌之前的位置,自然能够叫出这张牌的名字。

现在我们拿一副 10 张的牌,10 张黑桃,从上往下按 1 到 10 排列。

连续洗牌使这些牌回到原来的顺序,洗牌后的顺序变化表格如下:

初始顺序	1	2	3	4	5	6	7	8	9	10
第一次洗牌后	4	8	10	6	2	9	7	5	3	1
第二次洗牌后	6	5	1	9	8	3	7	2	10	4
第三次洗牌后	9	2	4	3	5	10	7	8	1	6
第四次洗牌后	3	8	6	10	2	1	7	5	4	9
第五次洗牌后	10	5	9	1	8	4	7	2	6	3
第六次洗牌后	1	2	3	4	5	6	7	8	9	10

我可以观察到出现了 3 次一个循环 1 组(2, 8, 5),6 次一个循环 1 组(1, 4, 6, 9, 3, 10),1 次一个循环 1 个(7)。我们说 7 是一个不变量,

它的位置在洗牌中永远不动。在洗牌之前，魔术师如果知道第7张的位置上是什么牌，那么无论洗多少次牌，他也能够猜出观众手里第7张牌的点数。

1, 3, 6的最小公倍数是6，因此需要洗6次牌才能让这副牌回到原来的顺序。

轮到您来玩！

请验证6张牌时需要洗6次牌才能恢复原来状态，12张牌时需要洗12次牌才能恢复原来状态。请注意在这些情况下，没有不变量出现。

☞ 参阅第256页的答案。

现在我们拿一副13张的牌，所有的黑桃牌：1, 2, 3, …, J, Q, K。

让我们来观察洗牌后的变化。

初始顺序	1	2	3	4	5	6	7	8	9	10	J	Q	K
第一次洗牌后	10	2	6	Q	8	4	K	J	9	7	5	3	1
第二次洗牌后	7	2	4	3	J	Q	1	5	9	K	8	6	10
第三次洗牌后	K	2	Q	6	5	3	10	8	9	1	J	4	7
第四次洗牌后	1	2	3	4	8	6	7	J	9	10	5	Q	K

不必一直洗下去，所有的循环已经在这张表中出现：

——1次一个循环有两组：(2)和(9)

——3次一个循环有一组：(5, 8, J)

——4次一个循环有两组：(K, 1, 10, 7)和(3, 6, 4, Q)

1, 1, 3, 4, 4这些数的最小公倍数是12。要找回初始牌序，需要洗12次牌。

这里有一个戏法就是利用我们刚刚观察到的这个原理，如果同时跟

13位观众一起表演,这个戏法的效果会更加精彩!

效果

魔术师在多次洗牌后请13位观众选择13张牌。他会算出每个观众手里挑选的这张牌!

私下准备

把这些黑桃牌排列成您已经熟记在心的顺序,比如:从上到下按6,1,8,K,4,2,10,7,Q,5,3,9,J排列。

表演

让这13位观众排成圆形。每个人一个编号(需要做一些纸板,每位观众一张,上面标好相应的号码)。

把这13张牌给第一位观众。让他按照前面提到的方法洗一次牌。请他看一下从上数下来的第2张牌(不要让他把牌拿下来,也不要把牌打乱)。您叫出这张牌的名字:您已经猜到了(在这组牌中,第2张是黑桃A)。

请第二位观众看一下第9张牌:您说出这张牌的名字(在您这组神牌中,这是一张黑桃Q)。

请第三位观众洗第二次牌。告诉他洗第三次可以保证这个戏法更加真实。第三次洗好牌后,让他选择第5张牌:您说出是什么牌(这是一张黑桃4,它在3次洗牌后回到原来的顺序)。

把牌递给第四位观众,让他选择第8张牌(黑桃7),然后让第五位观众选择第11张牌(黑桃3)。

请第六位观众重新洗一次牌(第四次洗牌)。让他选择第1张牌(黑桃6,它在4次洗牌后回到原来的顺序)。

请第七位观众选择第3张牌(黑桃8),让第八位观众选择第4张牌(K),第九位观众选择第6张牌(黑桃2),第十位观众选择第7张牌(黑桃10),第十一位观众选择第10张牌(黑桃5),第十二位观众选择第12张牌(黑桃9),第十三位观众也就是最后一位选择第13张牌(J)。您可以准确地说出诧异的观众们挑选的每张牌的名字!

我希望这个戏法能够得到大家的青睐! 这种表演方式,是与学习这个戏法的逻辑性相吻合的,但是或许您还能把它表演得更精彩。

比如,您可以一直选择同一位观众洗牌,请2号观众选择与他的编号相对应的位置的牌,然后9号观众选择第9张牌,在1～2次洗牌后再变化。

在3次洗牌后,您可以请5号,8号,11号观众分别选择第5张、第8张、第11张牌。

在4次洗牌后,您可以请那些还没叫到的观众相互认识一下:1号观众选择第1张牌,3号观众选择第3张牌,以此类推:这样您可以不用去记还有哪些观众没有被照顾到呢。

第“n”号的观众选择的这张牌将是位于在您事先准备好的排列顺序中的第“n”个位置。

这个戏法值得记住,里面有13个不变量,可不是吗?

第二十章
换一种计数法的戏法

除了用 10 个计数符号(就是我们的十进位制)来进行计算之外,我们也可以只用两个或者三个计数符号来进行计算。

这里有几个擅长使用通过 2 个或 3 个等计数符号来进行排列的戏法。

魔术戏法 75

二进制计数法与6张卡片

除了使用0～9这10个计数数字之外，我们可以只使用其中的两个，0和1：这是对信息工程师和电子工程师们（1表示电流通过，0表示电流不通过）来说极其有用的二进制计数法。显然，这种计数法也有不足之处，那就是记这些数太占地方。

通常情况下所写的“17”这个数可以用二进制计数法写成：

$$(17=1\times16+0\times8+0\times4+0\times2+1)$$

每个数都有唯一一种二进制计数法下的写法，而且不可能与另一个数混淆。

如何转换一个二进制计数法下写的数呢？

需要加上2的各个乘方数：

——最右边的数字用0或1；

——右起的第二个数字用2乘以0或1；

——右起的第三个数字用4乘以0或1；

数	写	法				
1						1
2					1	0
3					1	1
4				1	0	0
5				1	0	1

续表

数	写法					
6				1	1	0
7				1	1	1
8			1	0	0	0
9			1	0	0	1
10			1	0	1	0
11			1	0	1	1
12			1	1	0	0
13			1	1	0	1
14			1	1	1	0
15			1	1	1	1
16		1	0	0	0	0
17		1	0	0	0	1
18		1	0	0	1	0
19		1	0	0	1	1
20		1	0	1	0	0
21		1	0	1	0	1
22		1	0	1	1	0
23		1	0	1	1	1
24		1	1	0	0	0
25		1	1	0	0	1
26		1	1	0	1	0
27		1	1	0	1	1
28		1	1	1	0	0
29		1	1	1	0	1
30		1	1	1	1	0
31		1	1	1	1	1
	这一列的值	$2^4=16$	$2^3=8$	$2^2=4$	$2^1=2$	$2^0=1$

——右起的第四个数字用 8 乘以 0 或 1，以此类推。

于是，10111 得出 $1+1\times2+1\times4+0\times8+1\times16=23$。

轮到您来玩！

继续换算，根据上面表格用二进制计数法写出 32 和 63 这两个数。

现在我们来观察下面的 6 张卡片，您可以把它们复印下来，然后裁下来……

1	3	5	7
9	11	13	15
17	19	21	23
25	27	29	31
33	35	37	39
41	43	45	47
49	51	53	55
57	59	61	63

2	3	6	7
10	11	14	15
18	19	22	23
26	27	30	31
34	35	38	39
42	43	46	47
50	51	54	55
58	59	62	63

4	5	6	7
12	13	14	15
20	21	22	23
28	29	30	31
36	37	38	39
44	45	46	47
52	53	54	55
60	61	62	63

8	9	10	11
12	13	14	15
24	25	26	27
28	29	30	31
40	41	42	43
44	45	46	47
56	57	58	59
60	61	62	63

16	17	18	19
20	21	22	23
24	25	26	27
28	29	30	31
48	49	50	51
52	53	54	55
56	57	58	59
60	61	62	63

32	33	34	35
36	37	38	39
40	41	42	43
44	45	46	47
48	49	50	51
52	53	54	55
56	57	58	59
60	61	62	63

为了便于解释，每张卡片按照其左上角的数来命名。

请验证:

——每张卡片可以用2的乘方来命名。

——在卡片“1”中,只有可以用右边数字为1的二进制计数法写出的数,在1~63的这些数中,所有拥有这种属性的数都在这张卡片上。

——在卡片“2”中,只有可以用右起第二个数字为1的二进制计数法写出的数,在1~63的这些数中,所有拥有这种属性的数都在这张卡片上。

——在卡片“4”中,只有可以用右起第三个数字为1的二进制计数法写出的数,在1~63的这些数中,所有拥有这种属性的数都在这张卡片上。

——在卡片“8”中,只有可以用右起第四个数字为1的二进制计数法写出的数,在1~63的这些数中,所有拥有这种属性的数都在这张卡片上。

——在卡片“16”中,只有可以用右起第五个数字为1的二进制计数法写出的数,在1~63的这些数中,所有拥有这种属性的数都在这张卡片上。

——在卡片“32”中,只有可以用右起第六个数字为1的二进制计数法写出的数,在1~63的这些数中,所有拥有这种属性的数都在这张卡片上。

现在我们来看这个魔术戏法……

效果

魔术师选择一个数。魔术师推荐4张数表:观众必须说出每张表上有没有他的数。魔术师找出观众选择的这个数。

表演

把卡片正面朝向自己,把这些卡片理成下面的顺序,先是卡片“1”,然后卡片“2”,卡片“4”,卡片“8”,卡片“16”,卡片“32”。

请一位观众在1~63之间选择一个数,告诉他您将凭借自己超强的记忆马上能够找到这个数。

把卡片朝向您的观众,卡片“1”的正面朝他,问他:

——“在这张卡片上，有您的数吗？”（如果他回答“有”，记为“1”；如果他回答“没有”，记为“0”）

把卡片“1”移到这叠卡片的底部。观众看见卡片“2”。

——“在这张卡片上，有您的数吗？”（如果他回答“没有”，记为“0”；如果他回答“有”，记为“1×2”，把它与第一张卡片上产生的这个数相加）

如此继续看卡片“4”，卡片“8”，卡片“16”，卡片“32”，如果回答“没有”则加上“0”；如果回答“有”则加上1乘以卡片左上角的这个数，并计算出总数：这就是观众选择的这个数。您可以得意地把这个数告诉观众。

您可以让观众相信您能够记住这6张卡片上所有的数，然后您能够找出在观众回答“有”的这些卡片上都存在的这个数。其实，在这个戏法中，您对观众的提问正是观众选择的这个数用二进制计数法的写法，而观众并不知道：

——在第一张卡片上，他告诉您的是在右边的数字是1还是0；

——在第二张卡片上，他告诉您的是在2^1这一列上的数字是1还是0；

——在第三张卡片上，他告诉您的是在2^2这一列上的数字是1还是0。

观众在并不知晓的情况下把他选择的这个数告诉了您，是吧？

魔术戏法76

撕成16片的报纸

效果

一张报纸被撕成16个部分，魔术师成功预言观众将会选择的这个部分。

魔术师使用一张折过的双面报纸,折皱向里朝魔术师,报纸横向的尺寸要大于竖向的尺寸。正反面均为各种销售的日常消费品或家庭用品的插图广告尤为合适。在戏法快结束时,我们会找出这张双面报纸被撕成 16 片后的其中一片,用插图广告可以让我们轻松地辨别出这个部分所显示的内容。

魔术师先把报纸垂直折起,根据折叠线撕开,把两个部分放在一起(不要翻过来),左边部分要么在下,要么在上,然后把这叠纸按顺时针方向旋转四分之一,使得横向尺寸重新大于竖向尺寸。如法炮制,每次按顺时针方向旋转四分之一,到最后共 4 次垂直折起和撕开,最后共得到 16 片叠在一起的报纸。

思考与私下准备

我们可以把这 16 片双面报纸分别编号。

a	b	i	j
c	d	k	l
e	f	m	n
g	h	o	p

我们会关注 k 这个方格。魔术师在开始表演这个戏法之前必须在这个方格处做上记号:他会在一个纸头上偷偷地写下这个部分的内容,这个内容将作为戏法开始时的预言(比如:6.45 欧元的家庭用品,或者 450 000 欧元的拉罗歇尔市的房子),这个纸条放在一个信封里,再把信封放在桌子上,在整个戏法表演过程中,这个信封都不会离开观众的视线。

表演

魔术师带着一叠16张的小硬纸板来到观众面前，这些硬纸板分别标着1～16的数，从1到16从上往下堆叠，有数的这一面朝下。把这些纸板切洗几下。然后把这些纸板摊开，让观众选择其中一张，把它放到桌子上，不能看这张纸板上写着什么。

魔术师把观众选择的这张纸板的上面部分移到另一部分下面，把整叠纸板在桌子上垂直敲一下，看起来像是整理一下纸板。在把这叠纸板最终放到桌子上之前，看一眼底部的这个数。这个数等于观众选择的这张纸板上的数减去1。您得练习一下，练到熟悉这个结果并且能够自然而熟练地做这个动作。切牌其实不会改变这些数的连贯性，它们前后之间的差都是1。假如您看见的是7，那么观众选择的纸板的数应该是8；一种情况除外：假如您看见的是16，那么他选择的是1。

要想让这个戏法取得成功，魔术师必须在把报纸撕过4次之后将k这一个方格放在这16片报纸中的某个位置上，这个位置从上往下数对应于观众选择的这张纸板上的数。魔术师会说:让我们来看一下您这张纸板上的数,让我们来看一下在这叠报纸中的这个位置上的那一片,让我们来读一下上面写着什么。请见证我的预言,我之前已经写了我们会选到的这个家庭用品或者这座房子……

要想成功,必须使用这个数,它等于观众选择的数减去1(也就是魔术师在底部纸板上看到的这个数)。在4次撕报的每一次之后,如果要把报纸的左边一半放到另一半的上面或者下面,这个数起着关键的作用。

我们把魔术师会撕下来的左边这叠报纸放到另一半下面时的情况定为G,把左边这叠报纸放到另一半的上面时的情况定为D。

假设n为观众选择的数,那么看到的数为(n－1)。

要想知道在每一次撕报后选择G还是D,需要用几个2的乘方数之和来心算解出(n－1)等于多少。

例如:假设(n－1)＝10,我们可以算出10＝(1×8)＋(0×4)＋(1×2)＋(0×1)

0这个数对应于"把左边这一半放到另一半的下面",1这个数对应于"把左边这一半放到另一半的上面"。要先从"1"用0或者1相乘开始,然后是"2"用0或者1相乘,"4"用0或者1相乘,最后是"8"用0或者1相乘。在例子中,我们在第一次撕报后把左边这一半放到另一半的下面,在第二次撕报后,我们在第一次撕报后把左边这一半放到另一半的上面,第三次是放到下面,第四次是放到上面。我们可以说10这个数对应于GDGD的排列。这16个数中的每一个都将对应于G或D构成的4个字母的一组序列。

轮到您来玩!

用G或者D的序列来翻译另外15个数(特殊情况:16将与0对应)。

让我们来理解一下其中的原理。

现在让我们来分析一下方格 k 的位置，在这个例子中，n=11，n－1=10。

第一次撕报后，我们把左边这一半放到另一半下面，旋转四分之一，我们得出下面这种情况(括号里的字母在同一个方格里的另一个字母的下面)：

O(g)	M(e)	K(c)	I(a)
P(h)	N(f)	J(d)	L(b)

第二次撕报之后，我们把左边这一半放到另一半上面，旋转四分之一，我们得出(在这些括号里，"从上到下"表示"从左到右")：

P (hjd)	O (gkc)
N (flb)	M (eia)

第三次撕报之后，我们把左边这一半放到另一半下面，旋转四分之一，我们得出：

M (eianflb)	O (gkcphjd)

第四次撕报之后，我们把左边这一半放到另一半上面，旋转四分之一，我们得出：

M (eianflb ogkcphjd)

方格 k 的位置在第 11 张。成功！

轮到您来玩!

现在您来试试看,跟上面一样操作,把方格 k 做到准确的位置上。

这个戏法是非常精彩的,值得您细细研究!

☞ 参阅第 257 页的答案。

第二十一章
奇妙的同余

在表演下面这些奇妙的魔术戏法之前，让我们先来做一点数学题，先来解释一下“同余”这个词的概念。

戏法开始前的训练

模 7 同 余

选一个正整数。连续减去 7 直到剩下一个 0～6 之间的数。您刚做的就是一个模 7 的同余。

比如,用 20 这个数,您得到的余数是 6(因为 20＝7×2＋6),我们说 20 是模 7 下余数为 6 的同余;用 50 这个数,您得到的余数是 1(因为 50＝7×7＋1),那么 50 是模 7 下余数为 1 的同余。

我们可以看到,得出的 0 和 6 这些数是我们挑选的数整除 7 之后的余数。

1. 现在我们来看一下 0～6 的所有这些整数,计算出它们的双倍数,但是一旦双倍数大于 6,我们还是拿模 7 下余数的 0～6 之间这个数来代替。比如,6×2＝12＝7＋5,用 5 来代替。我们说模 7 下余数 6 的双倍数是 5。

我们填出下面这张表格:

数	0	1	2	3	4	5	6
模 7 下的双倍数	0	2	4	6	1	3	5

我们可以注意到所有 0～6 的数都是一些双倍数。比如 1 是 4 的双倍数,4 是 1 的半数。

我们可以画一些图,用箭头从一个数指向它在模 7 下的双倍数。0 这个数与它自身连接(有一个环);1 指向 2, 2 指向 4, 4 指向 1,这样构成 3 个数的一个循环;3 指向 6, 6 指向 5, 5 指向 3,构成 3 个数的第二个循环。请画出这些矢状图。

现在根据前面双倍数这种计算模式,找出模 7 下 0～6 这些数的 3 倍数。

数 n	0	1	2	3	4	5	6
模 7 下的 3 倍数 (3×n)							

0～6 的这些数都是 3 倍数吗?

请画出循环图。

2. 现在请做模 7 下 0～6 这些数的 4 倍数表格,然后画出循环图。

数 n	0	1	2	3	4	5	6
模 7 下的 4 倍数(4×n)							

3. 现在请做模 7 下 0～6 这些数的 5 倍数表格,然后画出循环图。

数 n	0	1	2	3	4	5	6
模 7 下的 5 倍数(5×n)							

4. 不像步骤 1 中那样计算 0～6 这些数的双倍数,这次计算模 7 下这些数的平方数。比如,5 的平方是 5×5＝25,用 4 来代替(因为 25＝3×7＋4)。把这张表格填好,用箭头画出循环图。

数	0	1	2	3	4	5	6
模 7 下的平方数							

0～6 的这些数都是一个平方数吗?

有几个数的平方数相同吗?没错:请比较 2 和 5 的平方数,结果都是 4。我们可以说 4 有数个平方根:2 和 5。

除了 4 还有其他的数有一个以上的平方根吗?

5. 请再来计算模 7 下这些数的立方数,用箭头画出循环图。

5 的立方数是 5×5×5＝ 125,结果将用 6 来代替(因为 125＝ 7×17＋6)。

数 n	0	1	2	3	4	5	6
模 7 下的立方数 (n×n×n)							

0～6 的这些数都是一个立方数吗?

有几个数的立方数相同吗? 一个数可以有一个以上的立方根吗?

☞ 参阅第 258 页的答案。

现在我们开始做跟同余有关的数学魔术戏法……

魔术戏法 77

追溯时间的机器

效果

随便给出一个日期,那么与之相对应的是星期几呢?“万年历”会告诉我们答案。

事先思考

我们建议您先动动脑筋来拼出您的万年历!

➤ 1900 年 1 月 1 日:星期一

1 月份的其他几个星期一前后相隔 7 天:1 月 8 日,1 月 15 日,1 月 22 日,1 月 29 日。

现在来看 2 月份;第一个星期一是 4 日,接下来是 11 日,18 日,

25 日。我们发现与 1 月份的日期相差 3 天。

我们继续来看 3 月份:您就回忆一下吧! 1900 年的 2 月份不是闰年的 2 月①,因此只有 28 天:我们找到 3 月份的星期一跟 2 月份一样,是在 4 日,11 日,18 日,25 日,因此与 1 月份的日期同样相差 3 天。因为 3 月份有 31 天,31=28+3,我们会在 4 月份和 3 月份之间注意到一个新的 3 天之差,于是在 1 月份和 4 月份之间相差 3+3=6 天。

同样,因为 4 月份有 30 天,在 4 月份和 5 月份之间会有一个差距:30−28=2,从中又可以得出 1 月份和 5 月份之间的差距:6+2=8,这又回归到 1,因为 8=7+1(其实 7 天的差距会重新产生相同的一个星期,因为一个星期刚好是 7 天)。

如此继续算出所有的月份,我们可以给每一个月得出一个数。假设是 1 月份,这个数也可以帮我们算出其他月份的某一天是星期几。据此,从差距 0 表示 1 月份开始(显然,1 月份与 1 月份没有差距),一年中的每个月份的差距可以罗列出来:

0, 3, 3, 6, 1, 4, 6, 2, 5, 0, 3, 5

根据这份罗列,我们可以计算出 1900 年的任何一天是星期几。比如,我们要推算出 5 月 15 日是星期几,只要知道 1 月份 15+1 这一天是星期几即可,因为 5 月份和 1 月份的差距是 1。正如 1 月 15 日是星期一,那么 16 日是星期二,5 月 15 日也是星期二。

➤ **1901 年和其他年份。**

现在我们来想象一下接下来的一年即 1901 年。因为 1900 年不是闰

① 注:闰年里的 2 月份有 29 天:闰年每隔 4 年出现一次,能否被 4 整除可以用来辨认是否是闰年,也可以简化理解为当年的最右边两个数字形成的数能够被 4 整除。以 00 结尾的年份有例外:00 左边部分形成的数必须能够被 4 整除。因此 1900、1800、1700 不是闰年,因为 19、18、17 不能被 4 整除。反之,1600 是闰年,2000 也是闰年,因为 16 和 20 可以被 4 整除。

年，所以有 365 天，而 365＝7×52＋1(一年 52 个星期＋1 天)

于是 1901 年与 1900 年相比会有 1 天的差距。1 月 1 日就不会是星期一，而是星期二。

假设将一星期里的每一天分别用 1～7 的一个数字来代表，方法如下：1 表示星期一，2 表示星期二……6 表示星期六，7 表示星期天。于是，新年里的每一天都可以在 1900 年的每一天上加上 1 来得到确认。比如，新年里的 5 月 15 日，我们计算 15＋1(根据月份)＋1(根据年份)＝17，1900 年的 1 月 17 日是星期三，因此 5 月 15 日也是星期三。

我们还可以根据 17＝2×7＋3 而且 3 对应于星期三来推算出。

至于 1902 年，需要在 1900 年上面加上 2，至于 1903 年，则在 1900 年上面加上 3。

这些年份继续下来直到一个闰年，即 1904 年，这一年的 2 月份有 29 天，之后的几个月份必须补上一个 1 的差距。因此，在我们之前学会的计算的基础上，还要在 1900 之后的每一个闰年再加上 1，如果当年是闰年并且已经过了 2 月 28 日，还要再把当年也计算在内。

比如，要算出 1950 年 8 月 22 日这一天是星期几，我们把这些数相加：

——闰年数加上 12：因为 50＝4×12＋2(我们由此可以知道 1900 起过了 12 个闰年)；

——8 月份加上 2(见 1900 年)；

——日期加上 22[我们说这是月份里的"第几个天数"(8 月 22 日)]；

——1900 年之后的年份加上 50。

总数为 86，连续减去 7，直到只剩下 2(因为 86＝7×12＋2)。因此这一天是星期二。

➤如果我们现在到了 2000 年并且过了 2000 年，又怎么计算呢？

在 2000 年 2 月 27 日，从 1900 年起过了 100 年(可以得出数字 2，因为 100＝7×14＋2)，并且有 24 个闰年[(99÷4)的整数部分，可以得出数字 3]。因此根据 1900 年 2 月 27 日这一天是星期几,正确的是 2+3=5(即星期二)。倘若是 2000 年 2 月 28 日这一天或之后,我们要多计算一个闰年,于是正确的是 6(即星期一)。

如果我们现在想参照 2000 年而不是 1900 年来计算,因为参照后者要计算的闰年太多了,那么我们可以在根据 1900 年起那个世纪的年份所用的计算方法上再减去 1(如果对方出生于 2000 年 1 月 1 日和 2 月 28 日之间,则要减去 2)。

以 2001 年 1 月 15 日为例:15+0(1 月)+1(2001 年)+0(2000 年之后的闰年)−1=15,于是得出 1:是星期一。

如果您觉得此类娱乐(了解人们出生于星期几)相当无聊,那么请您也了解一下它在现实生活中的应用吧,这种应用可是出乎意料而且相当严肃的哦!

一个在劳资调解委员会工作的女律师,是解决争端方面的专家,她可是为掌握了这个技巧而欣喜不已:因为,裁决总是在冲突事件发生很久之后才会进行,一方面,了解事件发生在星期几非常重要(假日的安排,工作时间的减少,等等),另一方面,要找到过去几年的年历可不那么容易。谁说过“数学有什么用呢?”。

表演

魔术师询问一个观众的出生年份(魔术师会停顿和思考一下)、月份(停顿和思考一下)、日期。尽量用这种顺序来问。然后,魔术师向观众宣布这一天是星期几。

在“答案”这一章,向您推荐一个计算星期几的计算机小程序,可以用来验证,可以帮您方便计算(在您做这个戏法的时候,您可以在口袋里放着……)。

☞ 参阅第 260 页的答案。

魔术戏法 78

欧元纸币

事先的信息

这个戏法将带着我们使用模 9 下的同余，也就是说用除以 9 后的余数来代替一个整数。

这张纸币上面有一个编号，由一个字母和 11 个数字构成。

字母 X 是字母表中的第 24 个字母。我们拿 24 替换 X 放在这 11 个数字的左边，于是得到：**2422441438235**。

我们计算出这个数除以 9 之后的余数。它与这些数字之和除以 9 之后的余数相同。

这些数字之和为 44，于是 $44=9\times4+8$，余数为 8。

您知道这种情况吗？法兰西银行在这些纸币上设计的号码(在用这个字母在字母表上的位置号码来替代这个字母后得出来的)除以 9 之后

的余数总是等于 8。

这是一个利用这种属性的魔术戏法……

效果

根据一张银行纸币上的字母与前面的数字,魔术师算出这张纸币号码的最后一个数字。

表演

魔术师请一个带了一张纸币的观众观察一下纸币的号码,然后请观众告诉他这个字母及字母后面所跟的所有数字,除了右边的最后一个数字。

在我们的例子中,观众报出 **2422441438235**。

接下来就是魔术师要做的事……

把这些数字相加得出 39。

它应该得出 8 加上 9 的一个倍数。

我们考虑是 36,加上 8 等于 44。从 39 到 44,差 5。

因此最后一个数是 5,这就是观众没报出来的这个数。

特殊情况:如果和引导出一个等于 8 的余数,那么最后一个数既可能是 0,也可能是 9。但是法兰西银行有规定一个纸币号码永远不能以 0 结尾。因此在这种情况下我们可以把右边隐藏的号码定为 9。

魔术戏法 79

心 上 人

在这个戏法中,隐含了模 17 同余与模 17 加法。

效果

这是一个完整的故事……

在春天里，初中三年级的班里流传着这句话：谁会是一个优秀女孩的心上人呢？年轻的魔术师自夸懂得一点别人的心思，甚至这些心思将会被披露出来。其实，他自己也是一个有点害羞的人，不过借助于一个魔术戏法，也许可以传递某种信息……利用男孩们都在的机会，他向这位他爱慕的女孩提出建议，让她透露一下她爱慕班里 17 个男生中的哪一个，即使她自己也还不知道……

表演

魔术师准备了 17 张硬纸板或者与纸板同样大小的纸张，把它们标上 1 到 17 的号码。他建议在每张纸板上分别写上班里男生的名字，作为示范他把自己的名字先写在 1 号纸板上。然后他把铅笔递给其他同学。

这些纸板被收集起来，按从小到大的顺序，数字面朝下，1 号在顶部，17 号在底部。

魔术师请他的心上人把这些纸板一张一张地从左到右发成两堆。对方随意把其中的一堆放在另一堆上面，然后切一下。魔术师随后按逆时针方向把这 17 张纸板发成一个圆圈，数字面朝下。他在这个圆圈的中间放一张白纸，白纸两面都是空白，大家都可以核对。他请他的女朋友选择一张纸板，把它翻过来放在原来位置。

大家看一下这张纸板。大家开始数纸板，一直数到这个数，在刚刚翻过来的这张纸板上数 1，按顺时针方向数下去，把数到的这张纸板翻过来。大家看一下这张纸板的号码，开始数这个数的纸板，从这张纸板开始数 1，大家按这种方法一张一张地继续，直到只除了一张之外的所有纸板都被翻过来(大家在所有的纸板上数，哪怕是已经翻过来的纸板)。

魔术师指出，只有这最后一张纸板会透露她心中的秘密。他还可以指出，在整个戏法过程中没有一个数落到已经翻过来的某张纸板上，这真的是非同寻常的一种迹象……

最后一张纸板被翻过来：1 号，上面写着魔术师的名字的 1 号。这还没完呢！魔术师要了一个打火机，拿起这张白纸，把它放到火上(注意不要全烧光了)：一行字在这张纸上浮现："1 号举世无双，爱情魔力无穷。"

如果此时这个女孩还没有被您的优秀所折服，还对这个选择犹豫不定，那可要令人失望了……

让我们立刻来解答一个问题：在这张白纸上，您事先已经用涂改笔写好了这句魔语，这非常有效，不会被看出来，而且代替了旧时使用的柠檬汁和隐形墨水。

这个戏法使用了 17 张纸板，不过也可以使用 5，7，19，29，31，……张纸板(一些素数)。基本原理是：在这个圆圈上无论从哪个点开始，除了

1号,所有纸板在点的时候都会把1号排除在外:所有纸板都将在1号之前被翻过来。如果您的女朋友在一开始选择翻过来的那张纸板刚好是您的这张1号,您得立刻接下去表演白纸上的秘密这个环节来结束这个戏法。

开始把纸板混合的时候会让这些号码在这个圆圈上前后连接,按顺时针方向,先是从小到大的前后之差为2的奇数,然后是前后之差为2的偶数。注意起初在发17张纸板的时候和后来在翻过来的纸板上点数的时候方向是不同的。

轮到您来玩!

问题

当我们在这个圆圈上从一个位置到另一个位置的时候,它相当于在这些相关的数之间的哪种运算?

通过这种运算1到17的这17个数会发生什么变化?

当我们把一个数相继变换16次时这个数会发生什么变化?

☞ 参阅第262页的答案。

第二十二章 逻辑推理

所有人都知道“珠玑妙算”(Mastermind)这个游戏，它是由教育家马可·梅洛维兹(Marco Meirovitz)发明的。下面是一个益智游戏，它既可以拓展您的逻辑推理能力，同时又不失数学意义。

☆ 魔术戏法 80 ☆

类 似 推 理

表演

请观众在一副 52 张的牌中挑选一张牌。

魔术师拿出一叠事先准备好的 7 张硬纸板，面朝外竖向拿着，然后，不看上面标明了这些纸牌的硬纸板，他问观众其中是否有一张跟观众所选的纸牌点数相同的牌。

针对魔术师的每一次提问，观众必须回答“是”或者“不是”。

——第一次：红心 A，草花 7，黑桃 5，方片 J，方片 9，方片 3。

——第二次：红心 J，草花 10，黑桃 2，黑桃 6，方片 7，草花 3。

——第三次：草花 6，草花 4，红心 7，方片 5，方片 6，方片 Q。

——第四次：红心 9，黑桃 8，黑桃 10，出 J，方片 10，黑桃 Q。

在这四次提问之后，魔术师改变提问：“您在接下来的纸板上看见一张与您挑选的牌花色相同的牌吗？”

——第五次：红心 6，红心 2，方片 8，草花 5，红心 5，方片 A，方片 K。

——第六次：草花 9，方片 2，草花 8，黑桃 J，黑桃 K，草花 A，黑桃 4。

——第七次：草花 Q，黑桃 9，红心 Q，草花 K，红心 3，草花 2，黑桃 3。

魔术师只听见了七次肯定或者否定的回答，却能够说出观众选择的这张牌是什么牌。

怎么算的呢，为什么能算出来呢？

根据提问，把这些纸板命名为 K1，K2，K3，K4，K5，K6，K7。

K1 您看见一张跟您的牌点数相同的牌吗?

K2 您看见一张跟您的牌点数相同的牌吗?

K3 您看见一张跟您的牌点数相同的牌吗?

K4 您看见一张跟您的牌点数相同的牌吗?

K5 您看见一张跟您的牌花色相同的牌吗？

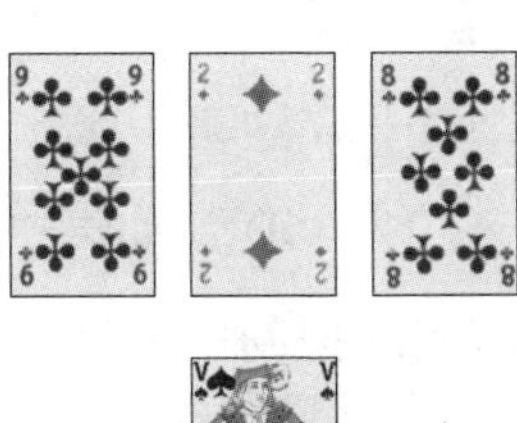

K6 您看见一张跟您的牌花色相同的牌吗？

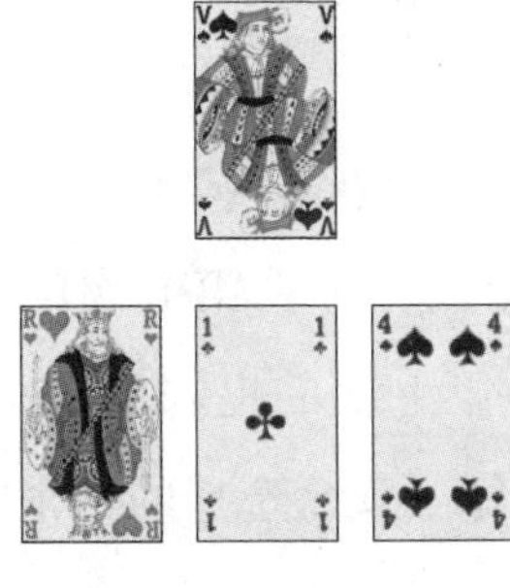

K7 您看见一张跟您的牌花色相同的牌吗？

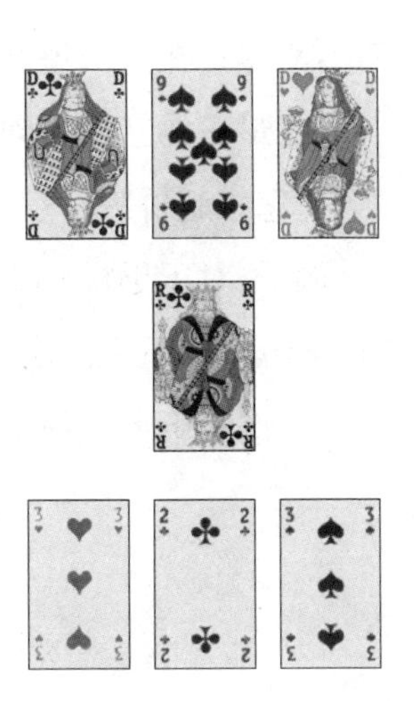

➤魔术师的手法。

首先让我们先只看一下前面的四次提问。

第一次K1的回答“是”记作“1”,第二次K2的回答“是”记作“2”,第三次K3的回答“是”记作“4”,第四次K4的回答“是”记作“8”。回答不是记作“0”。把观众的这前四次回答相加算出总数。

这让您想起二进制计数法了吗?

让我们观察一下:在值1这一行,只有一张A;在值2这一行,只有一张2;在值4这一行,只有一张4;在值8这一行,只有一张8。

在值1和值2这两行里同时出现的点数只有一张3(1+2=3)。

如此继续,比如,如果一张牌算出来是0+2+4+0,这是一张6,如果一张牌算出来是1+2+0+8,这是一张J(11=J,12=Q)。如果一张牌算出四个0,这是一张K:这是唯一没有出现在前四次提问中的纸板上的一张牌。

既然观众前面四次回答让我们找到了这张牌的点数,接下来需要找的是它的花色。让我们来看一下后面的三次提问……在第五次的提问中,没有黑桃,在第六次的提问中,没有红心,在第七次的提问中,没有方片。在这三次提问中出现的每一次“不是”都透露了观众选择的这张牌的花色:刚好是在这一系列牌中没有的这种花色。

(在最后的三次提问中,别忘了黑桃、红心、方片、草花的顺序,这种顺序会让您想起桥牌。)

例子:对于黑桃6,观众如果在第五次提问时回答“不是”,魔术师就不用再继续问下去。对于草花6,需要继续进行第七次提问:如果在第五次、第六次和第七次都回答“是”,这是因为这张牌的花色是草花。

第二十三章 心算戏法

魔术师在戏法中表现出的非凡计算才能和速度总是能让众多观众神魂颠倒。在此有几个技巧可以让您变得比现实中的您更加强大！

魔术戏法 81

神奇的计算器

效果

魔术师能够算出两个九位数相乘的积。

表演

魔术师在黑板上写下 142 857 143 这个数。请观众选择另一个九位数,比如 123 456 789。然后魔术师算出这两个九位数相乘的积,同时把这些数字从左到右写出来。

原理

魔术师可不是一个神奇的计算器,那么他又是怎么算出来的呢?

如果我们把 1 000 000 001 除以 7,我们会得出商是 142 857 143。任何一个数乘以 142 857 143 都可以分成这样两个步骤来计算:首先把这个数乘以 1 000 000 001,然后把结果除以 7。

一个九位数乘以 1 000 000 001 如何计算呢? 这非常简单,只须在这个数的边上再重复抄一遍:

在例子中 123 456 789 × 1 000 000 001 = 123 456 789 123 456 789。

于是魔术师只剩下要心算算出一个 18 位数除以 7 的结果,计算之前要想象或者能够看见观众选择的这个九位数的重复。因此我们能够明白为什么魔术师要从左到右来写结果了。

在例子中:123 456 789 123 456 789 ÷ 7 = 17 636 684 160 493 827。

总结：$142\,857\,143 \times 123\,456\,789 = 17\,636\,684\,160\,493\,827$。

您将只需要稍微练习一下，练习是肯定要的，因为一方面这个戏法是非常值得学习的，另一方面它会让您意识到一次计算不只是计算结果，它也可以促进您思考……

魔术戏法 82

9 的心算

效果

请计算 99^2，您会算出 9 801。

请计算 999^2，您会算出 998 001。

请计算 9999^2，您会算出 99 980 001。这样继续算下去……

表演

只要是只有 9 这个数字构成的所有数的平方，魔术师都能够心算算出结果。

原理

让我们来解一下这个方程式：$(10^n - 1)^2 = 10^{2n} - 2 \times 10^n + 1 = (10^n)(10^n - 2) + 1$。

一切都能理解了吧！

因为这些数都只是 9 的平方，这个计算适用 $(10^n - 1)^2$ 这个公式，而且用 $(10^n)(10^n - 2) + 1$ 这个公式的计算来替换更加方便。

例子：$99 = 100 - 1$，因此 $99^2 = 100 \times 98 + 1 = 9\,801$；

$999 = 1\,000 - 1$，因此 $999^2 = 1\,000 \times 998 + 1 = 998\,001$。

第二十四章 偶数或奇数的重要性

尾数为 0，2，4，6 或 8 的整数为偶数，尾数为 1，3，5，7 或 9 的整数为奇数。

如果您的小钱包有两个格子，在其中一个放上 1 分、5 分和 1 欧元的硬币，在另一个放上 1 角、2 角、5 角和 2 欧元的硬币，您放硬币的方法就符合了奇偶性原则。

在本书的开始部分，您已经读到过 12 枚硬币的戏法(魔术戏法 45)，它就是与奇偶性原则相关的一个例子。在此则是另一个相关的戏法。

魔术戏法 83

魔 术 算 术

表演

请观众设想一个整数 n，想象把它放在左边或者右边的一个口袋里。然后设想另一个比这个数大 1 的数(n+1)，把它放在另一个口袋里。

魔术师给观众提供一张纸和一个计算器，让他做下面的计算：

——把放在右边口袋里的这个数乘以 2。

——把放在左边口袋里的这个数乘以 3。

——把这两个结果相加。

然后观众算出总数，魔术师立刻算出放在每个口袋里的这个数是多少。

原理

这里有魔术师的一个备忘录，可以帮助他记住运算方法。

把观众报出的结果中的十位数加倍。

加上 1。

如果得出的一个数是偶数，那么是右边的这个数。

如果得出的一个数是奇数，那么是左边的这个数。

如果结果以 7 或者 8 结尾，要算的第二个数应该大于第一个数(因此等于再加上 1)。

如果结果以 2 或者 3 结尾，要算的第二个数应该小于第一个数(因此等于再减去 1)。

例子:

——如果观众报出的结果是 18,魔术师计算 1×1+1=3,这是右边口袋里的这个数,因为 18 是偶数,因为结果是以 8 结尾,于是左边的即要算出的第二个数是 3+1=4;

——如果观众报出的结果是 13,魔术师计算 1×1+1=3,这是左边口袋里的这个数,因为 13 是奇数,因为结果是以 3 结尾,于是右边的即要算出的第二个数是 3-1=2;

——如果观众报出的结果是 22,魔术师计算 2×2+1=5,这是右边口袋里的这个数,因为 22 是偶数,因为结果是以 2 结尾,于是左边的即要算出的第二个数是 5-1=4;

——如果观众报出的结果是 7,也不用惊慌,这说明十位数是 0,魔术师计算 0×2+1=1,这是左边口袋里的这个数,因为 7 是奇数,因为结果是以 7 结尾,于是右边的即要算出的第二个数是 1+1=2。

如果是较小的数,观众可以不用计算器,但是如果是 100~1 000 之间的较大的数,我们可以用计算器来计算,不至于魔术师也用口算来计算得太吃力。

例子:观众报出的结果是 2 108,

——十位数上有 210,因此魔术师计算:2×210+1=421,这是右边口袋里的数,因为 2 108 是偶数;

——因为这个数以 8 结尾,那么在左边口袋里的要算出的第二个数是:421+1=422。

轮到您来玩!

您能够用一种足够快的数学方法(不用纸和笔)来证明并代替前面的这些方法吗?它们可以让这个戏法在观众面前更具操作性。

☞ 参阅第 263 页的答案。

魔术戏法 84

两 个 杯 子

私下准备

在观众到来之前准备好纸牌：从上到下，牌面朝下，两张红色，两张黑色，两张红色，两张黑色，以此类推。整副牌都这样排列。然后调换黑色 A 和红色 A，同时注意不要让它们在这副牌中相隔太大的距离。注意，还有一个最后的准备：把顶部的这张牌移到底部。顶部的这两张牌的颜色现在应该不一样了。您刚做好的这副牌从上面开始每对牌的颜色不一样，除了一对牌中有一张 A 的这四种情况，因为我们把原来同一颜色的 A 调换过了（请核对一下）。

效果

洗过牌后，成对的同色纸牌被破坏：会变成颜色混杂的对牌，一张红牌，一张黑牌，除非是两张 A。

表演

让观众快速浏览一下这副牌，告诉他您可以把成对的牌形成不同颜色的牌（从上面开始，出示前面两对）或者同一颜色的牌（快速翻到这副牌的中间，停在同色的这两张牌上，然后是相连的另两张牌；如果您看见一张 A 在边上，甚至会连续出现三种同色的牌）。您说您将在观众要选择的这些牌中做一个让这些牌成对配色的试验，更确切地说是您能够控制偶然性,让这些牌总是颜色混杂,除非有一张 A 在,在这种情况下,与 A 成对的这张牌的颜色肯定跟 A 同色。

请观众把牌在桌面上发成两堆,牌面朝下:一张在左边,一张在右边,以此类推。在桌子上放两个玻璃杯子,每个杯子里放一堆牌,您与观众面对面,牌面朝您,他看不见牌面。

观众不知道:这两堆牌的底部牌的颜色是不同的,红色或者黑色交替(前面提到过的 A 的情况)。请观众拿起其中一个杯子里的底部这张牌(对他来说是后面),把它牌面朝下放在桌子上。然后继续拿牌,一张一张地拿,堆成一堆,从杯子里拿到桌子上,不必非得从两个杯子里轮流拿牌。告诉观众您已经在一开始就控制了他的选择,只是他并不知道……

其实,放好第一张牌之后,两堆牌底部的牌的颜色是相同的,因此无论从哪堆牌开始拿牌都不会改变结果。

一张一张地把两个杯子里的牌拿完。如果一个杯子的牌先拿完,您可以把剩下来的这个杯子里的牌全部不动地放到桌子上的这堆牌上,或者把剩下来的这个杯子里的牌分到另一个杯子里:如果剩下来的牌数是奇数,切一下牌使这两“半”牌底部的牌同一颜色,如果剩下来的牌数是偶数,把它们分成两个等份,但是要颠倒一下其中一半的牌的顺序,使得底部的这些牌的颜色相同。

然后您只要拿起这堆牌,把牌一对一对地抽出来,让观众观察您要把牌色混杂的预言完全实现,除了带 A 的这几对牌是特殊情况而例外。

答　　案

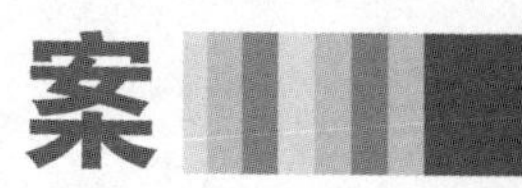

☆ 魔术戏法 1 ☆

裁缝的皮尺

这个小戏法如果介绍给一个年轻人，他在中学里学习计算一个等差数列各项之和的时候，他将会得到一些启发。比如，要求算 1～100 之间所有数字的和，我们可以分两次列出这个和 S，一次从 1 到 100，一次从 100 到 1：

$$1+2+3+\cdots\cdots+98+99+100=S$$

$$100+99+98+\cdots\cdots+3+2+1=S$$

$$101+101+101+\cdots\cdots+101+101+101=2S$$

把这两列计算中的数字一个一个地相加，我们可以得到结果为 2S 的第三列。我们可以纵向观察到两个数字之和总是等于 101。因为有 100 个 101 的纵列，2S 的总和等于 $101\times100=10\,100$，因此 S 等于其半数即 5 050，那么 $1+2+3+\cdots\cdots+98+99+100=5\,050$。

☆ 魔术戏法 2 ☆

3 个 骰 子

4 个骰子的 8 个水平面的总数是 $4\times7=28$。

我们从 28 中减去最上面那个看得见的数字就得出了答案。

魔术戏法 3

电话传心

下面是 52 张牌对应男女名字的可用表格。

	A	K	Q	J	10	9
Cœur (红心)	Zinédine Yosra	Yoann Tess	Rafael Shabana	Wasseem Nawras	Pascalyves Octavie	Matthieu Mélanie
Carreau (方片)	Zakarie Victoria	Térence Saïma	Rahmane Rachel	Samuel Natacha	Ozkan Manar	Michaël Lobna
Pique (黑桃)	Yassine Valentine	Thomas Sarah	Romain Priscilla	Rustem Nadia	Oussama Maéva	Maxime Jasmine
Trèfle (草花)	Yannis Vanda	Samy Sabrina	Rémy Ophélie	Philippe Oumaïna	Mohamed Mélissa	Lorenzo Justine

	8	7	6	5	4	3	2
Cœur (红心)	Loïc Intissar	Jeff Gladys	Ismaël Fadwa	Fahem Elanar	Eddy Ceyna	Bilal Céline	Anthony Assya
Carreau (方片)	Karthike Inès	Jordan Heidi	Haris Hanane	Fayssal Derya	Élias Clara	Aurélien Carole	Aïmen Amélia
Pique (黑桃)	Kévin Hélène	Jaoued Fabiola	Giovan Éminé	Florian Diana	Dilhan Clarisse	Alpeur Bouchra	Abel Anne
Trèfle (草花)	Juned Hanna	Ilyes Fatma	Gerson Élisa	Fatik Chaïmaa	Cem Cindy	Alexandre Cécilia	Abdussamet Andréa

女性名字写在男性名字下面,按字母顺序排列有助于辨认起来更加方便。

数学爱好者园地

这个戏法实现了一组 32 个名字与一组 32 张纸牌之间的一一对应。一张纸牌对应每个名字并且只有一个名字，一个名字对应每张纸牌，并且只有一张纸牌。

魔术戏法 6

让我们一直数到挑中的牌

用一叠 20～29 张的牌，我们总会得出第 19 张牌。可以造一个 19 个字母的句子来找出这张挑中的牌，如“voici la carte choisie”（这就是挑中的牌）或者“voilà la carte magique”（这就是有魔法的牌）。

魔术戏法 13

4 个人移牌

初始顺序	1	2	3	4	5	6	7	8	9	10	11
第一次洗牌后	22	20	18	16	14	12	10	8	6	4	2
第二次洗牌后	21	17	13	9	5	1	4	8	12	16	20

22张牌中,从上数下来的第8张牌是固定不变的,第5张和第14张洗一次牌互换一次位置(偶数次洗牌的话,它们的位置是固定不变)。

初始顺序	12	13	14	15	16	17	18	19	20	21	22
第一次洗牌后	1	3	5	7	9	11	13	15	17	19	21
第二次洗牌后	22	18	14	10	6	2	3	7	11	15	19

魔术戏法15

澳大利亚式洗牌

用Q和K:

初始牌序	草花Q	黑桃Q	草花K	红心Q	方片Q	黑桃K	方片K	红心K
最终牌序	红心K	红心Q	黑桃K	黑桃Q	方片K	方片Q	草花K	草花Q

两次洗牌:

初始顺序	1	2	5	4	3	7	6	8
第一次洗牌后	8	4	7	2	6	3	5	1
第二次洗牌后	1	2	3	4	5	6	7	8

下面这张表格显示在4次洗牌之后,这副牌的排序回到初始状态。

——1和8互换位置,我们说在两个序列有一次循环(1, 8);

——2和4也互换位置,另一个两个序列的循环(2, 4);

——3在一次4个序列的循环(3, 6, 5, 7)后回到原位,6、5、7相同。

初始顺序	1	2	3	4	5	6	7	8
第一次洗牌后	8	4	6	2	7	5	3	1
第二次洗牌后	1	2	5	4	3	7	6	8
第三次洗牌后	8	4	7	2	6	3	5	1
第四次洗牌后	1	2	3	4	5	6	7	8

我们的直觉告诉我们，在 2、2、4 这些数的最小公倍数与要让这副牌回到初始状态必须洗 4 次牌之间存在着某种关系。

因此我们可以设想一个戏法，在两次洗牌之后，观众或许会挑选第 1 张牌(或者第 8 张)：魔术师如果记住了这张牌在洗牌之前的位置，自然能够叫出这张牌的名字。

现在我们拿一副 13 张的牌，所有的黑桃牌：1, 2, 3, …, J, Q, K。

让我们来观察一下洗牌后的变化。

初始顺序	1	2	3	4	5	6	7	8	9	10	J	Q	K
第一次洗牌后	10	2	6	Q	8	4	K	J	9	7	5	3	1
第二次洗牌后	7	2	4	3	J	Q	1	5	9	K	8	6	10
第三次洗牌后	K	2	Q	6	5	3	10	8	9	1	J	4	7
第四次洗牌后	1	2	3	4	8	6	7	J	9	10	5	Q	K

不必一直洗下去，所有的循环已经在这张表中出现：

——1 次一个循环有两组：(2)和(9)

——3 次一个循环有一组：(5、8、J)

——4 次一个循环有两组：(K、1、10、7)和(3、6、4、Q)

1、1、3、4、4 这些数的最小公倍数是 12。要找回初始牌序，需要洗 12 次牌。

☆ 魔术戏法 23 ☆

魔 法 顺 序

用1到10的方片后跟1到10的草花，要预见的魔法顺序如下(从上到下，牌面朝下)：

(T为草花，K为方片。译者注)

8T，1K，1T，2K，6T，3K，2T，4K，10T，5K，
3T，6K，7T，7K，4T，8K，9T，9K，5T，10K。

您事先可以画一个有20个位置的圆圈，然后把方片A放在第2个位置，把方片2放在第4个位置，把方片3放在第6个位置，以此类推，方片10放在第20个位置。注意，放草花之前，方片牌的位置要先全部填好。在第2个空位上，放置草花A，其实在圆圈上它是第3个位置了，即在方片A和方片2之间。第2个空位，放置草花2，其实是在方片3和方片4之间；以此类推。

用1到13(K)的方片，后跟1到13的草花，要预见的魔法顺序如下(从上到下，牌面朝下)：

7T，1K，1T，2K，QT，3K，2T，4K，8T，
5K，3T，6K，JT，7K，4T，8K，9T，9K，5T，
10K，KT，JK，6T，QK，10T，KK。

魔术戏法 28

出 生 省 份

如果是闰年的话，魔术师在总数上加上 116 就可以得出 100a＋n 。

魔术戏法 43

“历 史 性” 幻 方

A＝48－21＝27；B＝48－20＝28；C＝48－18＝30；D＝48－19＝29。

魔术戏法 44

魔 法 纸 牌

假设第 1 张放到魔术正方形里的牌的值为 a，它在 0（百搭牌）和 10 之间，那么它后面的 3 张牌的值为（a＋1），（a＋2），（a＋3）。在 1～K 这一系列的牌中，在“a”这张牌之后，剩下（13－a）张牌，但是如果我们摆掉了 3 张牌，那么只剩下（10－a）张牌。如果我们刚好移动（10－a）张牌，最后拿掉的这张牌是 K，在魔术正方形里从第 5 个位置开始我们要放的牌从随后的A开始。用这种方法，摆放的12张牌始终是事先准备好的26张牌中的最后12张牌。

无论如何，用这些值排成的正方形都如下所示：

a+1	1	12	7
11	8	a	2
5	10	3	a+3
4	a+2	6	9

您可以验证每一行、每一列或每一条对角线的数相加之和为(a＋21)。

观众口袋里有多少张牌呢？前面的这21张牌跟上有百搭牌的这些牌直到(a－1)这一张牌，即(a＋21)张牌。这个数刚好与魔术正方形之和一致。

魔术戏法47

5个魔术方块

同一个方块上的数在十位数上的数字都相同：2，3，4，5或者6。所得到的5个数在十位数上的5个数字之和始终是20，尾数为0。

得到的5个数的个位数字之和在十位数上会有一个进位数字，这个进位数字将会与十位数上的0相加：因此这5个数相加的总数在右边的两个数字就是个位数字之和。

在4个方块的4×6＝24个数中，每一个数的百位数字和个位数字相加之和都等于10；第5个方块上的6个数中，每一个数的百位数字和个位数字相加之和等于8。在得到的5个数中,百位数上的5个数字之和与十位数上的数字相加之后的进位2相加等于:$4\times10+8+2=50$。要得出总数左边的两个数字,需要在50和个位数字之和之间求出差。

比如,假设得到的这5个数是228,733,842,654,662:

——魔术师把个位数字相加:$8+3+2+4+2=19$;

——因此总数在右边应该以19结尾;

——魔术师计算$50-19=31$:这就是左边的这两个数字;

——相加之后的总数是3 119。

☆ 魔术戏法50 ☆

迦太基城的建城传说

雅克·肖班先生是巴黎数学游戏沙龙的忠实参与者,非常感谢他的这个点子:魔术师把头从一张纸牌中穿过去!

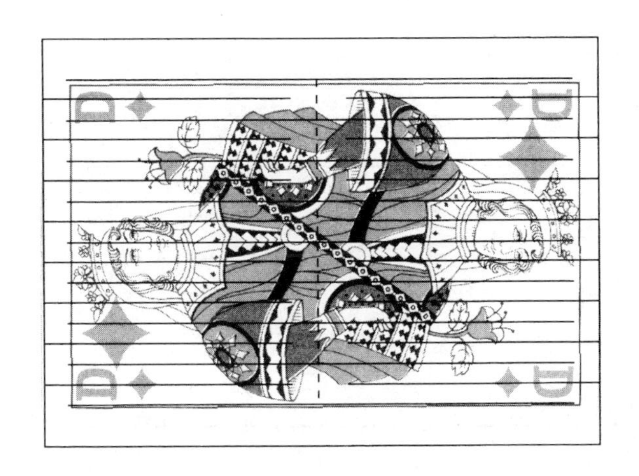

感谢“小木乃伊”提供了这些照片。

☆ 魔术戏法51 ☆

赢 三 张

初始位置	52	51	50	49	…	47	…	31	…	15	…	1
牌面朝上这一堆牌中的位置	1	x	2	x		x		x		x		x
牌面朝下这一堆牌中的位置	x	1	x	2		3		11		19		26

初始位置	26	…	19	…	11	…	3	…	1
牌面朝上这一堆牌中的位置	1		x		x		x		x
牌面朝下这一堆牌中的位置	x		4		8		12		13

初始位置	13	12	…	8	…	4	…	2	1
牌面朝上这一堆牌中的位置	1	x		x		x		x	7
牌面朝下这一堆牌中的位置	x	1		3		5		6	x

初始位置	6	5	4	3	2	1
牌面朝上这一堆牌中的位置	1		2		3	
牌面朝下这一堆牌中的位置	x	1		2		3

魔术戏法 56

马里尼亚诺战役

计算得出：

$$\{[(20x+3)(5)+y](20)+3\}(5)+z-1\,515$$
$$=[(100x+15+y)(20)+3](5)+z-1\,515$$
$$=(2\,000x+300+20y+3)(5)+z-1\,515$$
$$=10\,000x+1\,500+100y+15+z-1\,515$$
$$=10\,000x+100y+z+1\,515-1\,515$$
$$=10\,000x+100y+z$$

这个数用 6 个数字来表示，分为 3 组，每组两个数字，分别对应于出生日期中的日期、月份和年份。

魔术戏法 57

日 期 揭 秘

我们能够用心算算出来吗？只须好好练习一下……

让我们来看一下，假设 M 是偶数，那么(31M＋12Q)这个数是偶数，假设 M 是奇数，那么(31M＋12Q)这个数是奇数。因此我们可以马上说出 M 是偶数还是奇数。M 的这些可能的值要在 2 的倍数中间来考虑，于是 2×31＝62 每一次都会在总数中出现。

如果我们把总数(31M＋12Q)除以 31，那么整数商等于(M＋一个未知的整数)。余下部分等于 12Q 减去多少次的 31。要算出 12Q，我们在余下部分加上同样次数的 31 来得出一个可以除以 12 的整数。

实际上，因为 M 的值都是 2 的倍数，我们可以把余下部分增加到 62 的倍数，直到得出一个可以除以 12 的数，相除后的商就是 Q。至于月份这个数，它是 2 的倍数的递减，从总数除以 31 的商开始；也就是每次我们加上的 62。

例子：比如 268，商是 8 加余数，我们减去 8×31＝248，余 20。我们试一下 20＋62＝82，然后 82＋62＝144，于是我们就得出了一个 12 的倍数。

同样 Q＝144÷12＝12。

我们加了两次 62，因此要减去两次 2，即在 8 中减去 4，我们得出 M＝ 4。

☆ 魔术戏法 59 ☆

挑 战 魔 碟

让我们考虑一下这两个圆 C 和 C_1：图 OAO_1A_1 是一个菱形(四个边与圆的半径相等)，在这个菱形中，$OA=A_1O_1$。

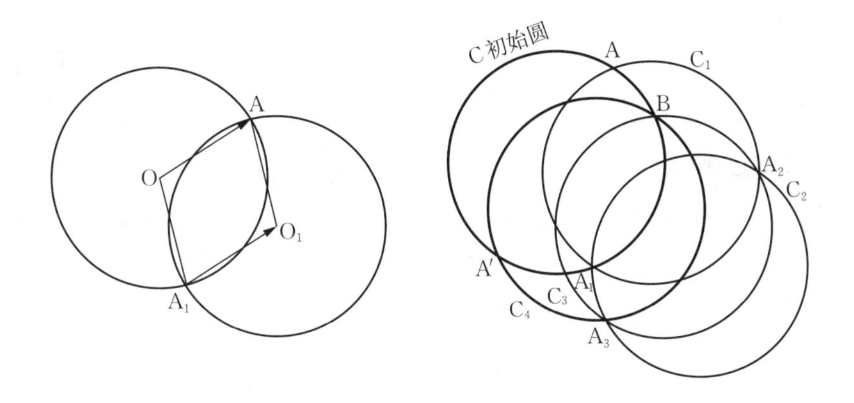

同样用 C_1 和 C_2，我们得出 $A_1O_1=O_2A_2$。然后用 C_2 和 C_3，得出 $O_2A_2=O_3A_3$。然后用 C_3 和 C_4，得出 $A_3O_3=O_4B$。最后用 C_4 和 C，得出 $O_4B=A'O$。我们总结出 $A'O=AO$，于是 A′是 A 在直径另一端上的对应点。

数学，真的很美妙，很有用……而且充满魔力。

我们总结一下，哪怕在餐馆里，数学也是一种社会能力！

魔术戏法 60

全 景 数 学

首先让我们看一下每一行上的这些数都是差为 1 的连数，然后看一下第 1 列上的几个数之和是 $1+2+3+4+5+15=30$。

假设第 1 列(共 6 列)编号为 a，此列第 1 行的这张牌被翻过来，同样假设后面这几列的编号分别为 b, c, d, e, f，在这些列中，从第 2 行到第 6 行的这张牌被翻过来。

被翻过来的这些牌的值是：第 1 行为 $1+(a-1)$，第 2 行为 $2+(b-1)$，以此类推，直到第 6 行为 $15+(f-1)$。6 张牌的点数总和是 $30+(a+b+c+d+e+f)-6=24+(a+b+c+d+e+f)$。

第一种方法：

魔术师把有一张牌出现的这一列的号码加上 24，如果在这一列有两张牌出现，那么把这个号码再加一次，以此类推。

例子：假设在这些列中从左到右翻过来的牌的数量是：1, 0, 1, 0, 2, 2，魔术师算出：$24+1+3+2\times5+2\times6=50$。

第二种方法：

总数可以写成：

$=(4+a)+(4+b)+(4+c)+(4+d)+(4+e)+(4+f)$

第 1 列的一张牌出现，计算成 $4+1=5$，第 2 列的一张牌出现计算成 $4+2=6$，以此类推，直到第 6 列的一张牌出现计算成 $4+6=10$。

当在同一列“i”中出现好几张牌时，只须把(4+i)这个数乘以出现的牌数即可。

因此魔术师把5这个数分到第1列，6这个数分到第2列，以此类推，直到把10这个数分到第6列。这些数分别乘以相对应的列上翻过来的牌数，就算出了总数。

例子：还是假设在这些列中从左到右翻过来的牌的数量是：1，0，1，0，2，2，魔术师算出：

$$1\times5+0\times6+1\times7+0\times8+2\times9+2\times10=50$$

这些点数的总和是50。

魔术戏法62

继 续 探 索

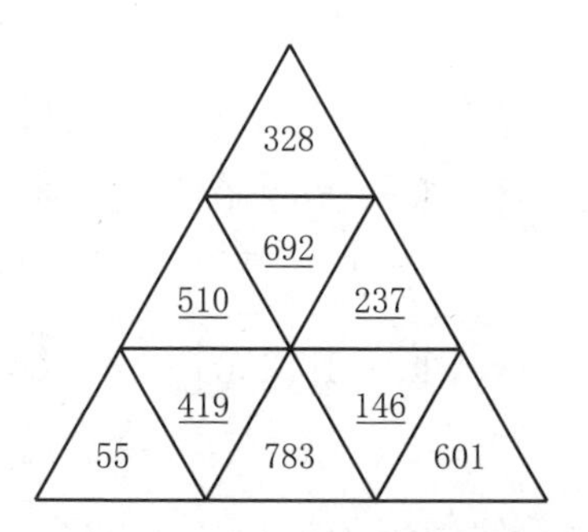

如何做出一个和为2 003差为90的连数构成的魔术三角形呢？

假设要用的9个数中最小的数为a。

套用和为22=1+2+4+6+9从1开始差为1的连数构成的这个魔术三角形，我们可以设想一个新的三角形，这些数是从a开始差为90的连数，它们之和为：

$$a+(a+90)+(a+3\times 90)+(a+5\times 90)+(a+8\times 90)$$
$$=5a+17\times 90=5a+1\,530。$$

我们得出 $5a+1\,530=2\,003$，$5a=473$，无法得出整数 a。

套用和为 $24=1+4+5+6+8$ 的这个魔术三角形,我们设想和为:

$$2\,003=a+(a+3\times 90)+(a+4\times 90)+(a+5\times 90)+(a+7\times 90)$$
$$=5a+19\times 90=5a+1\,710$$

从中得出：$5a=293$，可惜还是无法解决整数 a。

我们可以继续套用和为 25，26，28 的这几款三角形,还是失败。

构成魔术之和的 5 个数之和是这个公式($5a+90k$)。

如果待求的魔术之和是 2 003,那么无解,因为 5a 不可能以 3 结尾。

相反,如果是和为 2 004 差为 91 的连数,我们倒可以得到答案。

我们来核对一下和为 2 004,($5a+91k$)的值:

——和为 22 的这一款，$k=17$($2004-17\times 91$ 的结果能够把 5 整除吗?)；

——和为 24 的这一款，$k=19$($2004-19\times 91$ 的结果能够把 5 整除吗?)；

——和为 25 的这一款，$k=20$($2004-20\times 91$ 的结果能够把 5 整除吗?)；

——和为 26 的这一款，$k=21$($2004-21\times 91$ 的结果能够把 5 整除吗?)；

——和为 28 的这一款，$k=23$($2004-23\times 91$ 的结果能够把 5 整除吗?)。

和为 24 的这一款可以解出答案:

$$2\,004-91\times 19=275=5\times 55$$

于是 $a=55$。

魔术戏法 64

字 母 揭 秘

练习 1

首先假设这组牌的数量等于 2 的乘方：2^k。这次，在抽掉所有双数行的牌之后，1 号牌回到顶部。这些牌的新数量是原来的数量除以 2 即 2^{k-1}。

我们有一个同样性质的问题(2 的乘方，顶部 1 号这张牌)，它需要我们考虑(从除以 2 到除以 2)牌数为 2 时的初始情况：那么留下来的这张牌是 1 号牌。因此当这组牌构成一个 2 的乘方的牌数时最后留下来的一张牌是 1 号牌。

假设 n 张的这组牌包含了 p 张牌加上 2 的乘方数：$n=p+2^k$，$p<2^k$。如果把 p 张牌拿掉，那么剩下来的是一组 2^k 张的牌。于是我们把 p 张牌移到底部，也就是拿掉了 p 张牌，因此在顶部的这张牌将是号码为 $(2p+1)$ 的这张牌。正因为我们有一个 2 的乘方的牌数，于是现在在顶部的这张牌将会留到最后；留下来的这张牌的号码将是 $(2p+1)$。因为 $p=n-2^k$，那么留下来的这张牌的号码是 $2(n-2^k)+1$，在这个公式中，2^k 是小于或等于 n 的 2 的最大乘方数。

练习 2

第 19 张牌留下来，牌数最少有 19 张。

$19=n=52$，并且 $2(n-2^k)+1=19$，因此得出 $2(n-2^k)=18$，$(n-2^k)=9$。

据此得出 $n=9+2^k$。它有两种可能:

$$n=9+32=41;\ n=9+16=25$$

(不会有别的数,比如 $n=9+8=17$ 不可能成立,因为至少要19张牌)。

☆ 魔术戏法66 ☆

午夜揭秘

"一点""两点"直到"十一点""午夜"等等这些词的字母数相加之和是50。

假设选中的这个数为a(在1～12之间)。放到口袋里的牌有a张。留下来的纸牌数量为(52－a),观众看的是第a张牌。

举a=7为例。剩下来的这组牌有52－7=45张。

那么第50张牌是哪一张呢?是第5张牌(因为50－45=5)。

观众看过的这张牌是随后的那一张即第6张牌。按理应该是第7张牌!(因为a等于7)。

假设是一个不名数a,情况相同(见第二张表格)。

从a到(a－2),在某种意义上是3张牌,但是在另一种意义上则是(a－3)。

要想在(a－2)这一栏里得出50,需要在(53－a)上加上(a－3),即(53－a)+(a－3)=50。

1re	…	5e	6e	7e	…	45e
6e	…	50e	51e	52e	…	

1re	…	$(a-2)^{e}$	$(a-1)^{e}$	a^{e}	…	$(52-a)^{e}$
$(53-a)^{e}$	…	50^{e}	51^{e}	52^{e}	…	

可是为什么翻过来的这张牌刚好是观众选中的那一张呢？[为什么是a这张牌而不是(a—1)呢？]

很简单，因为狡猾的魔术师在戏法开始前从52张牌中抽掉了一张：只剩下了51张牌。

1re	…	$(a-2)^{e}$	$(a-1)^{e}$	a^{e}	…	$(51-a)^{e}$
$(52-a)^{e}$	…	49^{e}	50^{e}	51^{e}	…	

☆ 魔术戏法69 ☆

两副牌合洗

因为观众可能选择任何一张牌，所以魔术师必须要在另一堆牌中能够找出相同的一张牌，而且除了牌的背面什么也看不出来。在这种情况下，只能是两堆牌的排序相同了。

其实，第一副52张的牌的排序是随意的，但是第二副牌的排序是与第一副牌反向的(比如第一副牌的第一张是红心8，那么第二副牌的最后一张也是红心8)，这52张牌都要反向排序。当然，准备的时候需要花点功夫，但是这点功夫还是值得花的。

第一副牌，比如是红色牌背，我把牌序从上到下记成R1，R2，R3，……R52。第二副牌(蓝色牌背)牌序则是B52，B51，B50，…… B1。编号上数字相同的两张牌是相同的牌(比如R12和B12)。

交叉洗牌不会改变同一副牌中的牌序。

在分前面52张牌时，桌面上依次形成的这堆牌的顺序接近于(不大

可能会完全洗匀):

R1, B52, R2, B51, …… R26, B27

发牌完毕,从上到下的牌序刚好相反(发牌把牌序颠倒过来了):

B27, R26, …… B51, R2, B52, R1

剩下来的 52 张牌的牌序从上到下是:

R27, B26, A28, B25, …… A51, B2, A52, B1

在让观众选牌的时候,魔术师一直在数红色牌背或者蓝色牌背的张数:观众事先已经回答他将选择哪种颜色的牌。

假设观众在魔术师这堆牌中选择编号为"n"的蓝色的牌,魔术师将会在观众的这堆牌中把编号为"n"的红色的牌翻过来。这两张牌是相同的。

不一定非得把牌洗得完全匀称,只要对称产生效果就可以了。

魔术戏法 74

13 位观众

6 张牌的洗牌:

初始顺序	**1**	**2**	**3**	**4**	**5**	**6**
第一次洗牌后	4	6	2	5	3	1
第二次洗牌后	5	1	6	3	2	4
第三次洗牌后	3	4	1	2	6	5
第四次洗牌后	2	5	4	6	1	3
第五次洗牌后	6	3	5	1	4	2
第六次洗牌后	**1**	**2**	**3**	**4**	**5**	**6**

12 张牌的洗牌：

初始顺序	1	2	3	4	5	6	7	8	9	10	11	12
第一次洗牌后	8	12	4	10	6	2	11	9	7	5	3	1
第二次洗牌后	9	1	10	5	2	12	3	7	11	6	4	8
第三次洗牌后	7	8	5	6	12	1	4	11	3	2	10	9
第四次洗牌后	11	9	6	2	1	8	10	3	4	12	5	7
第五次洗牌后	3	7	2	12	8	6	5	4	10	1	6	11
第六次洗牌后	4	11	12	1	9	7	6	10	5	8	2	3
第七次洗牌后	10	3	1	8	7	11	2	5	6	9	12	4
第八次洗牌后	5	4	8	9	11	3	12	6	2	7	1	10
第九次洗牌后	6	10	9	7	3	4	1	2	12	11	8	5
第十次洗牌后	2	5	7	11	4	10	8	12	1	3	9	6
第十一次洗牌后	12	6	11	3	10	5	9	1	8	4	7	2
第十二次洗牌后	**1**	**2**	**3**	**4**	**5**	**6**	**7**	**8**	**9**	**10**	**11**	**12**

在这两种情况下，没有不变量，要把牌序恢复到初始状态的洗牌次数等于牌的数量。

☆ 魔术戏法 76 ☆

撕成 16 片的报纸

观众选择的纸板上的数为 n。假定 G＝0，D＝1。

(n—1)分解后的数	G在下面或D在上面,从第一堆写在左边到第四堆写在右边	从上(写在左边)到下的方格顺序	从顶部开始方格k(即n)的位置
16或者0=0+0+0+0	GGGG	Kcogjdphiamelbnf	1
1=0+0+0+1	DGGG	Ckgodlhpaiembafn	2
2=0+0+1×2+0	GDGG	Ogkcphjdmeianflb	3
3=0+0+1×2+1	DDGG	Gockhpdlemaifnbj	4
4=0+1×4+0+0	GGDG	Jdphkcoglbnfiame	5
5=0+1×4+0+1	DGDG	Dlhpckgobjfnaiem	6
6=0+1×4+1×2+0	GDDG	Phjdogkcnflbmeia	7
7=0+1×4+1×2+1	DDDG	Hpdlgockfnbjemai	8
8=1×8+0+0+0	GGGD	Iamelbnfkcogjdph	9
9=1×8+0+0+1	DGGD	Aeimbjfnckgodlhp	10
10=1×8+0+1×2+0	GDGD	Meianflbogkcphjd	11
11=1×8+0+1×2+1	DDGD	Emaifnhjgockhpdl	12
12=1×8+1×4+0+0	GGDD	Lbnfiamejdphkcog	13
13=1×8+1×4+0+1	DGDD	Bjfnaeimdjhpckgo	14
14=1×8+1×4+1×2+0	GDDD	Nflbmeiaphjdogkc	15
15=1×8+1×4+1×2+1	DDDD	Fnbjemaihpdlgock	16

☆ 戏法开始前的训练 ☆

模 7 同 余

1.

数n	0	1	2	3	4	5	6
模7下的3倍数(3×n)	0	3	6	2	5	1	4

这些数都是一个3倍数。0这个数有一个带环的循环，132 645这6个数有一个循环。

2.

数 n	0	1	2	3	4	5	6
模7下的4倍数（4×n）	0	4	1	5	2	6	3

0有一个环，分别有两组3次一个循环：142和356。

3.

数 n	0	1	2	3	4	5	6
模7下的5倍数（5×n）	0	5	3	1	6	4	2

0有一个环，有一组6次一个循环：154 623。

4.

数	0	1	2	3	4	5	6
模7下的平方数	0	1	4	2	2	4	1

1和6有同一个平方数1，因此1有两个平方根，分别为1和6。

3和4有同一个平方数2，因此2有两个平方根，分别为3和4。

3，5，6这些数不是平方数，因此没有平方根。

带箭头的画包括0上的一个环，2和4这两个数的一个循环，在这个循环上还有一个从3指向2的箭头和一个从5指向4的箭头。在1上有一个环，从6指向1有一个箭头。

5.

数 n	0	1	2	3	4	5	6
模7下的立方数（n×n×n）	0	1	1	6	1	6	6

2，3，4，5这些数不是立方数。

1这个数有3个立方根:1, 2, 4。

6这个数有3个立方根:3, 5, 6。

这个矢状图包括了0上的一个环,1上的一个环,与1上这个环连接的有一个分别来自2和来自4的箭头,最后还有6上的一个环,与之连接的有一个分别来自3和来自5的箭头。

魔术戏法77

追溯时间的机器

➤计算机上的万年历程序

(感谢我的同事塞尔热·萨列。)

评述

这个程序不排除无效的日期(45-13-1945),也不排除已经废除的日期(在法国,指20-12-1582之前的日期)。[X]表示后面出现的X的所有内容。

52×7=364。在年尾,需要加上1天,而且如果是2月底的某一天,可能要再加上1天。为了集中这两种运算,使用的技巧是从3月1日开始计算"年":从而计算(M−2)(1月和2月补充到上一年中)。另一个不可忽视的优点是从一个月到另一个月的过渡根据30或者31天来计算(从2月到3月的过渡作为一年到另一年的过渡)。

```
:Input "JOUR==",Q
:Input "MOIS==",M
:Input "ANNEE==",A
```

```
:M-2→M
:if M≤0:Then
:M+12→M:A-1→A
:End
:Q+int(31M/12)+A+int(A/4)-int(A/100)+int(A/400) →J
:J-7int(J/7) →J
:if J=0: Disp"DIMANCHE"
:if J=1: Disp"LUNDI"
:if J=2: Disp"MARDI"
:if J=3: Disp"MERCREDI"
:if J=4: Disp"JEUDI"
:if J=5: Disp"VENDREDI"
:if J=6: Disp"SAMEDI"
```

A 代码可以实现从某一“年”到另一“年”的不同转换。

接着是从一个月到另一个月的转换：$[31M/12]=2M+[7M/12]$；第一个代码表示 30 天的月份；第二个代码考虑 31 天的月份。

➤选择 1：其他公式

这个公式是$[a\times M]$格式的最简单公式(应该有 $7/12=a<3/5$)。

学习$[a\times M+b]$格式的其他公式，比如泽勒的公式：$[2.6\times M-0.2]$。

➤选择 2：心算

如果 $A=2000$，那么 $A+[A/4]-[A/100]+[A/400]=2485=0 \bmod (7)$。

我们可以根据这个参考日期做一些计算，假设 $A=2000+B$(B 可以是负数)。

得出 :$J\equiv Q+[31\ M/12]+B+[B/4]-[B/100]+[B/400]$。

如果 $1900\leq A\leq 2099$，那么：$-[B/100]+[B/400]=0$。

公式变成：$J \equiv Q + 2M + [7M/12] + B + [B/4]$。

例1:17/08/1989。

$Q = 17 \equiv 3$；$2M = 2 \times 6 = 12 \equiv -2$；$[7M/12] = [7 \times 6/12] = 3$

从而：$B + [B/4] = -11 - 3 \equiv 0$，$J \equiv 3 - 2 + 3 + 0 = 4$。星期四。

例2:14/07/2032

$Q = 14 \equiv 0$；$2M = 2 \times 5 = 10 \equiv 3$；$[7M/12] = [7 \times 5/12] = 2$

从而：$B + [B/4] = 32 + 8 = 40 \equiv -2$，$J \equiv 0 + 3 + 2 - 2 = 3$。星期三。

注意:需要一步一步地求和。也可以尝试一下泽勒的公式：

$$[2.6 \times M - 0.2] = 2M + [0.6 \times M - 0.2]$$

对心算来说,这个公式或许更加简单。

魔术戏法79

心 上 人

不论怎么切洗,这17个数都会按照下列的顺序按顺时针方向相继排列在这个圆圈上：

1-3-5-7-9-11-13-15-17-2-4-6-8-10-12

当然,我们不知道数字面朝下的1号在圆圈中的哪个位置,但是这个循环一直不会变。这些数前后之差为2,模17下的余数2(包括当 $17 + 2 = 19$ 时会归结为2)。

在纸板上数这个数从翻过来的这张值为n的纸板开始,因此要点到新位置上的这个间隔为2的数只是$(n-1)$。

因此翻过来的新的值是 $n+2(n-1)=3n-2$（当然是模 17）。

让我们来看一下这 17 个数可能发生的变化：

n	1	2	3	4	5	6	7	8	9	10	11	12	13	14	15	16	17
3n－2	1	4	7	10	13	16	2	5	8	11	14	17	3	6	9	12	15

在第二行，我们发现 1～17 的每一个数只出现一次，而且只有 1 来自第一行的 1。

让我们观察一下这些数的变化是怎么连在一起的……

从某个数来看，比如 2，我们得出：

2-4-10-11-14-6-16-12-17-15-9-8-5-13-4-7-又一个 2。

我们得到一个从 2～17 的 16 个不同的值的循环，从来不经过 1。

如果我们再拿一个数来看，我们得到一个同样为 16 个不同的数的循环，同样不经过 1。最后一个剩下来的纸板永远是 1 号。

魔术戏法 83

魔 术 算 术

在选择的数中一个是偶数，另一个是奇数，但是我们不知道哪一个数更大。一个数乘以 2，另一个数乘以 3。要得出两个乘积相加之和为奇数的唯一的方法是乘以 3 的这个数是个奇数。

——如果观众报出的结果是奇数，这是因为左边口袋里的这个数是奇数，右边口袋里的这个数是偶数。

——如果观众报出的结果是偶数，这是因为左边口袋里的这个数是偶数，右边口袋里的这个数是奇数。

我们有四种情况需要考虑，即左边口袋里的这个数是偶数还是奇数，两个数中是更大还是更小。

➤第一种情况:G<D并且G是偶数

这些数可以写成：G＝2k并且D＝2(k＋1)。

我们得出6k＋4k＋2＝10k＋2。观众报出的结果以2结尾。

➤第二种情况:G<D并且G是奇数

这些数可以写成：G＝2k－1并且D＝2k。

我们得出6k－3＋4k＝10k－3。观众报出的结果以7结尾。

➤第三种情况:G>D并且G是偶数

这些数可以写成：G＝2k并且D＝(2k－1)。

我们得出6k＋4k－2＝10k－2。观众报出的结果以8结尾。

➤第四种情况:G>D并且G是奇数

这些数可以写成：G＝2k＋1并且D＝2k。

我们得出6k＋3＋4k＝10k＋3。观众报出的结果以3结尾。

现在我们来考虑一下观众报出的结果的个位数字上的四种情况。

第一种情况:观众报出的结果以2结尾:我们在十位数上乘以2得出G,并且D＝G＋1;

第二种情况:观众报出的结果以7结尾:我们加上3,再在十位数上乘以2得出D,最后G＝D－1;

第三种情况:观众报出的结果以8结尾:我们加上2,再在十位数上乘以2得出G,并且D＝G－1;

第四种情况:观众报出的结果以3结尾:我们在十位数上乘以2得出D,并且G＝D＋1。

四个例子：

——第一种情况:观众报出的结果是382。G是偶数并且等于38×2＝76，D＝G＋1＝77;

——第二种情况：观众报出的结果是437。G是奇数，437+3=440，D=44×2=88，G=D−1=87；

——第三种情况：观众报出的结果是418。G是偶数，418+2=420，G=42×2=84，D=G−1=83；

——第四种情况：观众报出的结果是123。G是奇数，D等于12×2=24，G=D+1=25；

我们可以记住：

——观众报出的结果的偶性与G的偶性是相同的；

——如果观众报出的结果是2或者3，D=G−1，并且两个数中的一个是十位数的一倍；

——如果观众报出的结果是7或者8，D=G+1，并且两个数中的一个是十位数的一倍加上1。

戏法索引

（同一个戏法可能会属于数个类别）